宝库编织

从领口开始的
钩针编织

[日] 宝库社 编著
韩慧英 金玲 译

中国水利水电出版社
www.waterpub.com.cn

从领口开始编织看似复杂,实际操作时只要掌握其秘诀就能轻松完成。

圆过肩等分容易理解,插肩袖4等分左右均匀加针。

转移至衣片时,前后差及拼叉袖山的挑起方法最为关键。

只要掌握这些关键,之后整圈编织衣片及袖子即可。没有多余的步骤,并连、接袖都不需要。

而且,尺寸调整方便也是其优势之一。衣片及袖子的长度随心所欲地掌控。

极其合理的编织方法,也是欧美最常用的编织方法。

开始动手,编织出自己喜欢的作品吧!

还可尝试不同的拼接及线材搭配,轻松自由享受编织的乐趣。

目录
CONTENTS

01	扇形图案的圆过肩毛衣	4
02	菠萝图案的圆过肩毛衣	6
03	织片图案的圆过肩开衫	8
04	镶边菠萝图案的插肩毛衣	18
05	图案拼接的插肩开衫	20
06	菠萝图案的圆过肩开衫	28
07	网针的圆过肩毛衣	30
08	网针的圆过肩束身衣	31
09	简单图案的圆过肩毛衣	32
10	玉编的圆过肩毛衣	36
11	荷叶边装饰的圆过肩毛衣	37
12	松高领的蝙蝠袖风格束身衣	40
13	阿伦图案的圆过肩背心	44
14	几何图案的圆过肩短上衣	48
15	阿伦图案的插肩毛衣	52
16	方孔针的插肩背心	56
17	扇形图案的圆过肩背心	57
18	松针的丝带结小披肩	60
19	贝壳图案的单扣披肩	61

how to make

从领子开始编织的圆过肩毛衣	10
从领子开始编织的插肩开衫	22
简单的尺寸调整方法	65

○严禁任何形式抄袭及销售(实体店或网店)
本刊中刊载的作品。仅供手工爱好者使用。

01 扇形图案的圆过肩毛衣

正面使用扇形图案进行编织，是一款"从领子开始编织的圆过肩"的样板作品。
清爽的白色基调，再添加凸编装饰出的俏皮印象。

设计◇河合真弓　制作◇关谷幸子
线◇ Hamanaka 可洗棉〈钩针编织〉

●详细步骤解说→10~17 页

Top-Down Crochet

02 菠萝图案的圆过肩毛衣

菠萝图案的过肩部分，使套衫更加华丽。
衣片的单纯织片图案也形成鲜明有趣的对比。

设计◇横山纯子
线◇ Hamanaka titi crochet

● 编织方法→66 页

Top-Down Crochet

03 织片图案的圆过肩开衫

编织线中家属闪亮的金属丝线，表现出高贵优雅的质地。
一款设计清雅、柔美印象的开衫。

设计◇武田敦子　制作◇浅野久美子
线◇Hamanaka FLUXC〈金丝〉

●编织方法→68页

Top-Down Crochet

how to make
从领口开始的钩针编织

呈四方形展开的编织图，标注着各种看似复杂的○及×等拼合记号。如果因为畏难而放弃，尚且为时过早。
本篇中介绍的"从领口开始的钩编"没有复杂的并连及接袖，其特征就是简洁。
从领口到下摆，由上而下进行编织。
改变定式的"从下摆开始编织并拼接"的思维，尝试新鲜的编织乐趣。

编织方法教程

从领口开始编织的毛衣分为两种，过肩增加1个图案大小形成的圆过肩，还有衣片和袖子的边界处加针的插肩。
而且，两种方法的要领都相同。那么，我们具体来看一看作品是如何成形。

1 领窝侧起针开始编织，编织过肩。
2 仅后侧编织时比前侧多留3cm，制作前后差。
3 拼叉袖山部分起针，连接前后衣片。
4 连接前后衣片，编织侧边和下摆。
5 编织袖子时，从休针、后衣片的前后差及拼叉袖山开始挑针。
6 编织领子，完成。

[从领口开始编织的圆过肩毛衣]

美丽的图案遍布，形成极具魅力的圆过肩。
01 通过"扇形图案的圆过肩毛衣"，实践编织方法的课程。

● 毛衣的各部分及名称

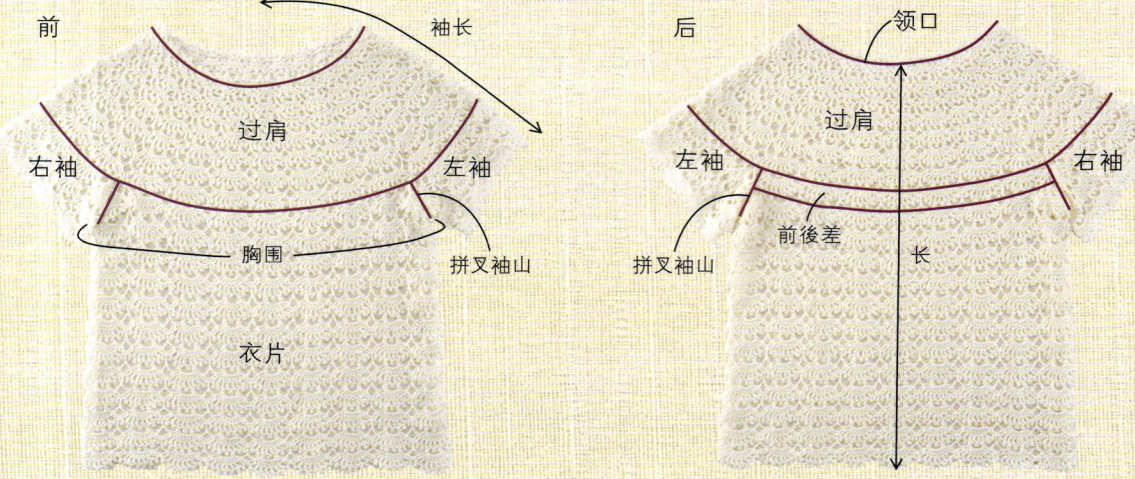

01 扇形图案的圆过肩毛衣

● 图片→ 4 页

[需要准备的物品] 线…Hamanaka 可洗棉〈钩针编织〉
[中细型] 白色（101）220g=9 团　针…钩针 3/0 号
[成品尺寸] 胸围 88cm、衣长 51cm、袖长 36cm
● 胸围…后衣片（拼叉袖山 4.5cm+ 从过肩挑起的尺寸 35cm+ 拼叉袖山 4.5cm）+ 前衣片（拼叉袖山 4.5cm+ 从过肩挑起的尺寸 35cm+ 拼叉袖山 4.5cm）=88cm
● 衣长…过肩长 17cm+ 前后差 3cm+ 侧边长 31cm=51cm
● 袖长…领开口宽度 22cm ÷ 2+ 过肩长 17cm+ 袖长 8cm=36cm
[织片密度] 花样编（衣片）: 1 个图案在 4.9cm × 10cm 内为 11.5 行
● 无加针衣片部分的花样编，横向计算的 1 个图案 4.9cm、10cm 的行数为 11.5 行。
[编织方法要点]
参照从 12 页开始的步骤进行编织。

织片密度的计算方法

编织前不要心急，首先用平针编织熟练掌握技巧，并熟悉各种图案。编织 15cm 见方左右，尝试计算针圈的大小（织片密度）是否符合书中的要求。使用钩针编织时，可以通过长针及短针等编织排列出规整的织片，也可以搭配复杂的针圈制作出织片。
规整的织片考虑 10cm 见方的针数·行数有多少针·多少行。
复杂织片考虑 1 个图案的横向存在多少 cm，纵向 10cm 存在多少行。
如果试编的织片不符合对应作品的密度要求，则需要将针的号数调整（大或小）1 号。

10cm
1 个图

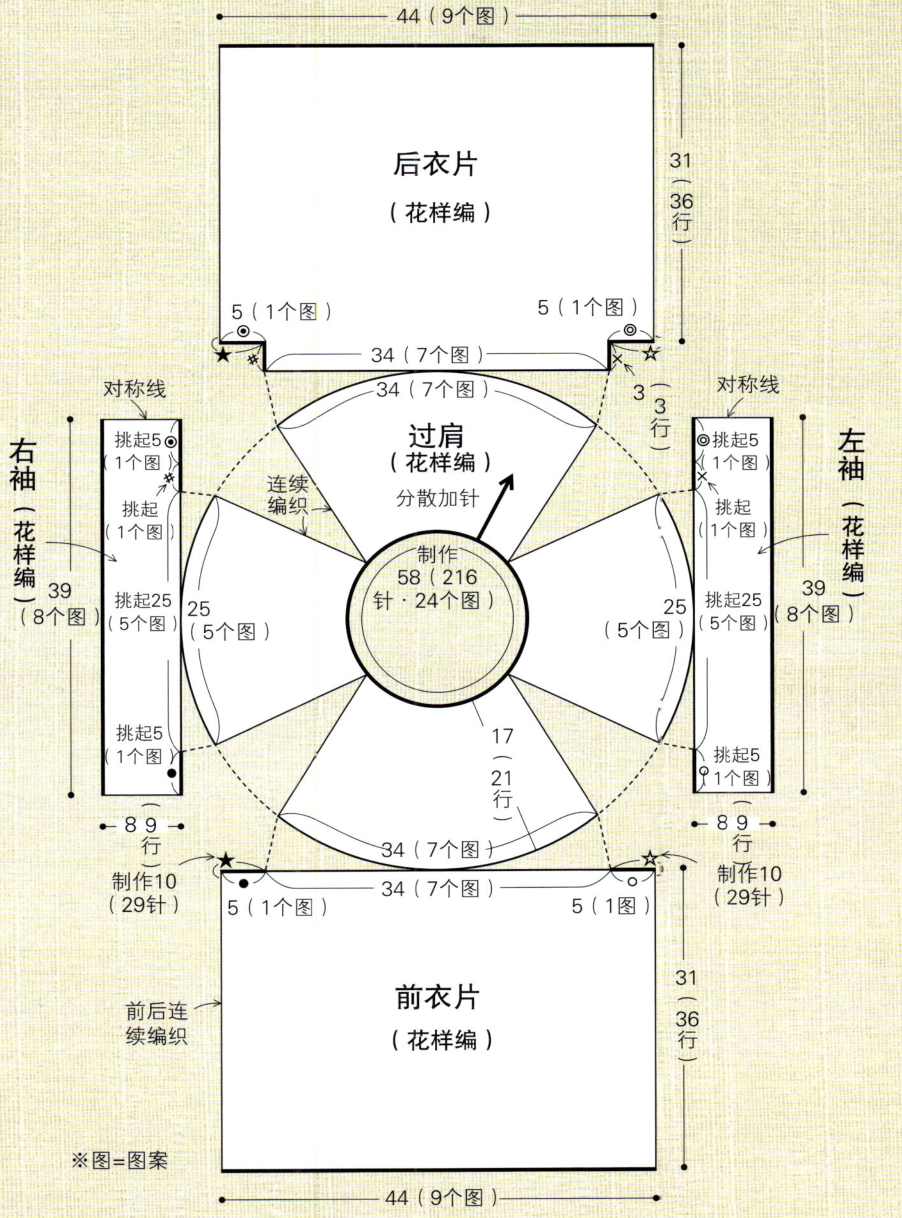

编织图的阅读方法

如右图所示，本书的编织图呈展开状绘制，过肩部分为中心，上侧为后衣片，下侧为前衣片，左右为袖子。
数字表示长度，并省略统一单位"cm"。
（　）内为针数·行数，不用针数计算的图案为图案的个数。图为图案的省略。
过肩部分分割为 4 个部分进行绘制。当然，实际上需要连接编织成环状。衣片及袖子分别从过肩开始连接，同样编织成环状。（前后差为平针）

1. 编织过肩

增加长针及短针的数量,从小扇形编织成大扇形。
以 1 个图案为单位,过肩整体需要 24 个图案。
领窝侧锁针制作成环状,挑起锁针的里侧开始编织。

过肩的花样编和加针

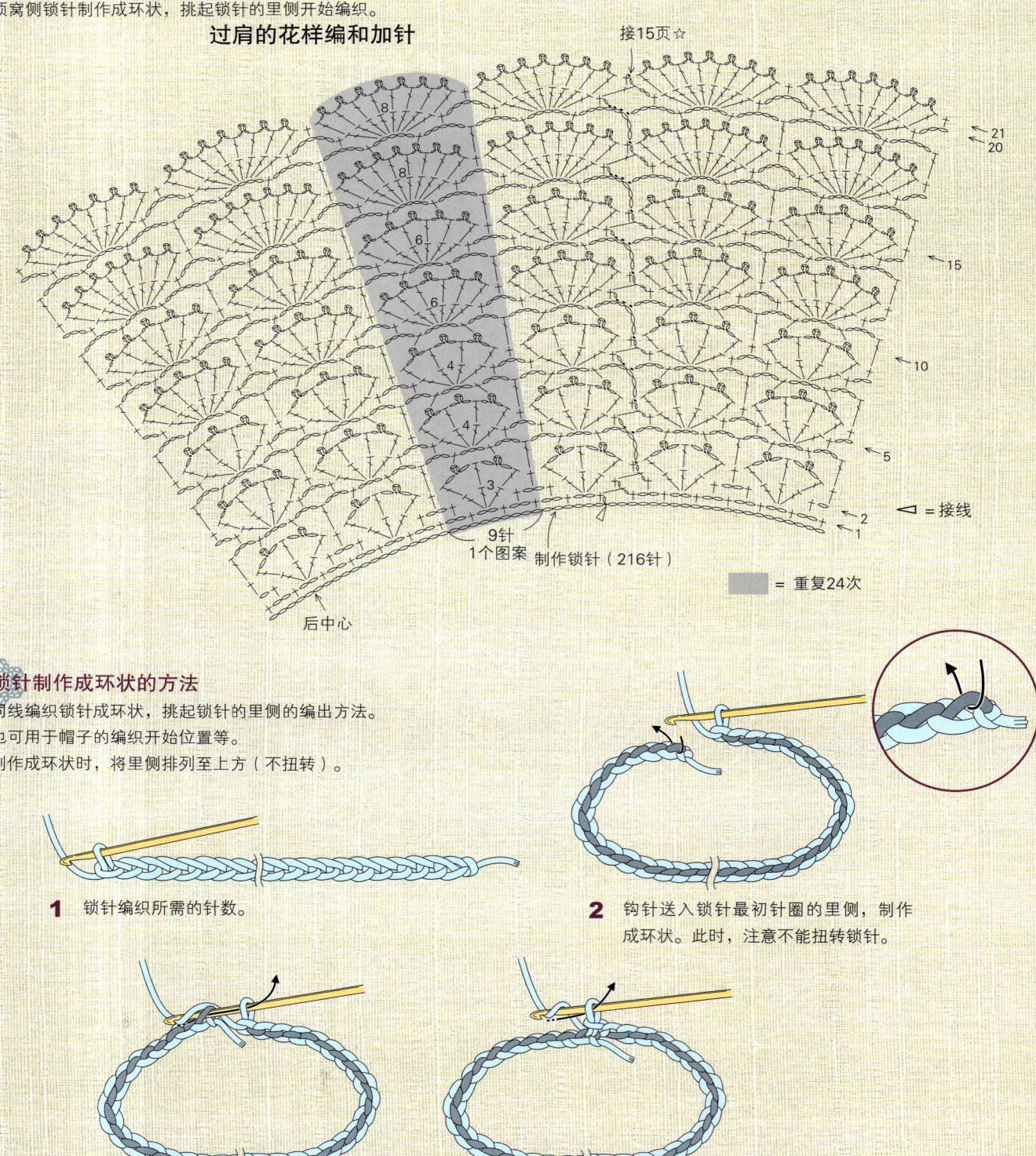

锁针制作成环状的方法

同线编织锁针成环状,挑起锁针的里侧的编出方法。
也可用于帽子的编织开始位置等。
制作成环状时,将里侧排列至上方(不扭转)。

1 锁针编织所需的针数。

2 钩针送入锁针最初针圈的里侧,制作成环状。此时,注意不能扭转锁针。

3 挂线引拔。

4 编织立针的 1 针锁针。

● 领窝起针

锁针的起针

同线普通手感编织 216 针锁针，制作成环状。
1 针锁针立起，第 1 行挑起锁针的里侧，并用短针及锁针连续编织。

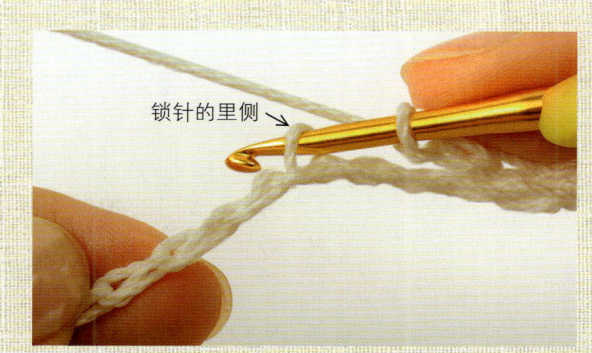
锁针的里侧→

● 过肩的花样编

过肩侧以 1 个图案为单位逐次加针，整体均匀展开。
重复编织 24 次 1 个图案。
长针多的图案，长针的根部较短则会产生堵塞，所有尽量伸张编织。
凸编作为整体的点缀，其大小应保持一致。
看向正面整匝编织 21 行，且最后的线头不剪断。

〈实物大〉　1 个图案

锁针侧编织锁 3 针的引拔凸编

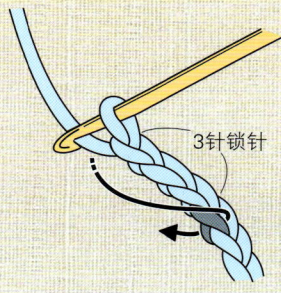
3 针锁针

1 编织凸编的 3 针锁针，返回 4 针的锁针侧如箭头所示，将钩针送入半针锁针及里侧的 2 根线圈。

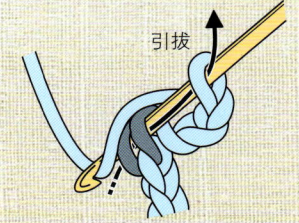
引拔

2 挂线于针，并将针上的 3 个线圈一并引拔。编织完成下一个锁针，使凸编更加稳固。

1 个图案

2. 编织衣片

过肩编织完成后，分成衣片及袖子。过肩的后衣片部分使用来回针编织 3 行前后差部分。
接着，侧边制作锁针的拼叉袖山，连接前后衣片制作成环状。以此整周无加减针编织衣片。

●过肩分为衣片及袖子
按照图案单位将过肩的最终行分为前后衣片、袖子等四个部分。立针的位置通常在后衣片和左袖的边界。

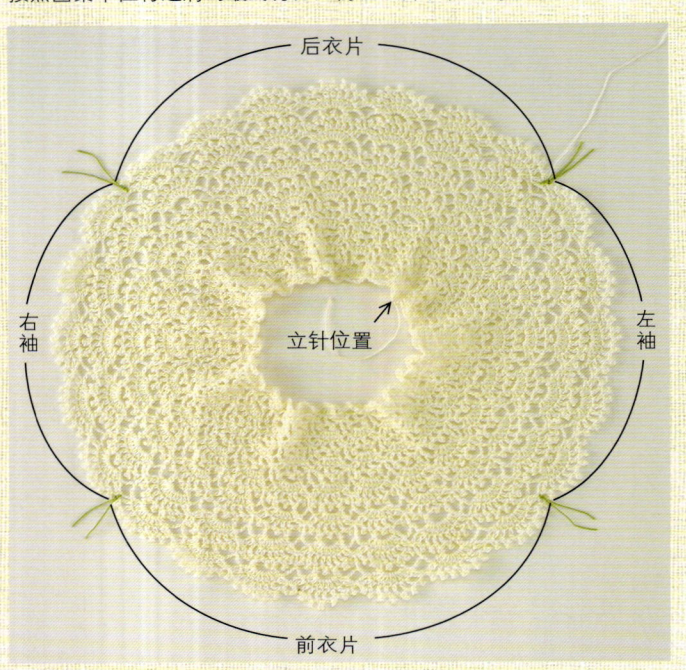
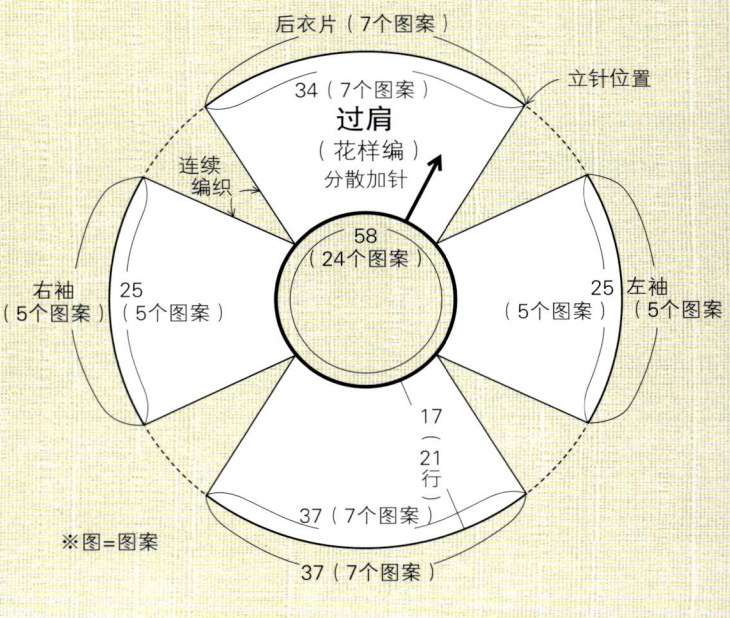

●后衣片侧编织前后差
接着过肩侧，在后衣片侧编织约 3cm 的前后差。由此，前领窝向下，更加贴合身体、易穿着。
花样编织 1 个图案 3 行。这个部分制作成平坦的来回针，最后断线。

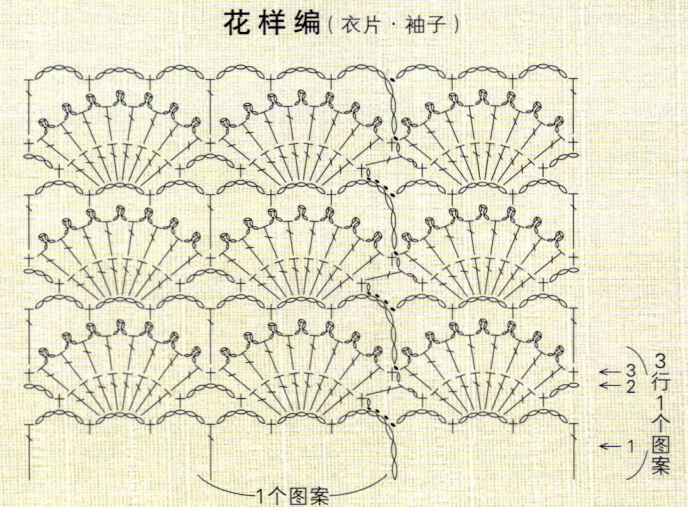

花样编（衣片·袖子）

●制作拼叉袖山及编织衣片

前后衣片之间用锁针制作拼叉袖山，第 1 行从此处挑出，并将衣片编织成环状。
从左右的拼叉袖山开始分别每 2 个图案挑起，从过肩开始从前后每 7 个图案挑起，全部 18 个图案整圈编织成环状。
直线编织 36 行的侧边长部分。该作品中不需要下摆的边缘针。

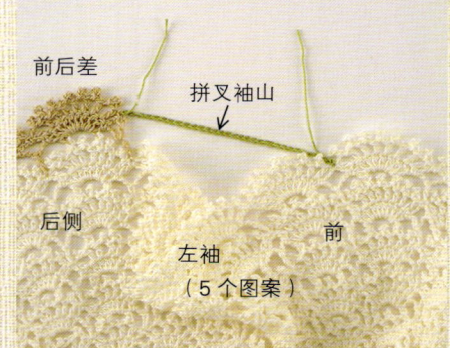

新线接于后衣片前后差部分的端部，编织 29 针锁针，跳过袖子部分的 5 个图案，引拔拼接于前衣片的端部。
※ 为了方便识别，特意使用不同于作品的线。

左右拼叉袖山拼接完成。

接线于后衣片，从过肩开始连续编织花样编。
从拼叉袖山的锁针挑起里侧，制作 2 个图案。

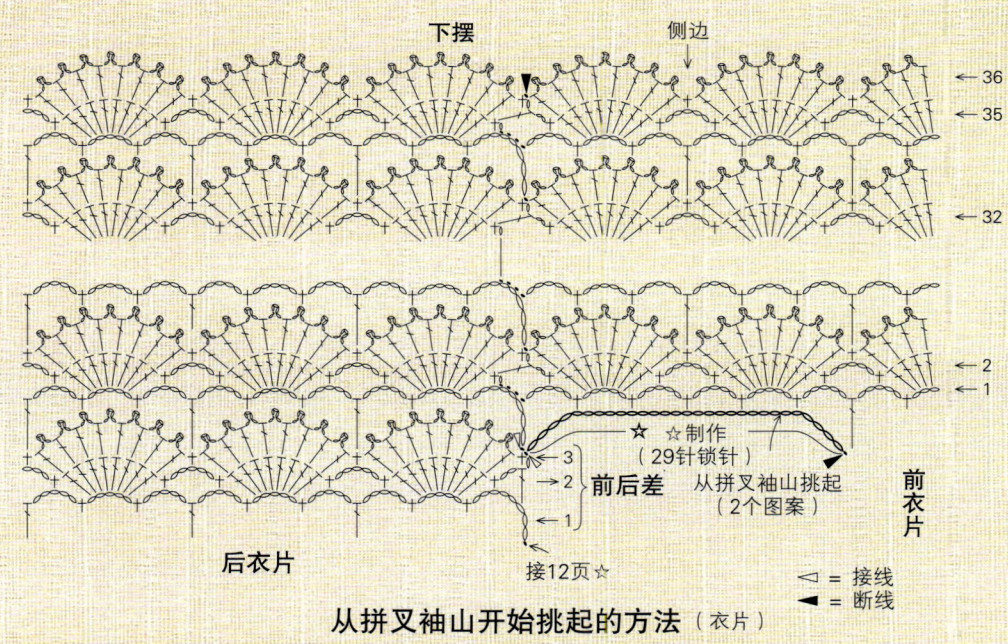

从拼叉袖山开始挑起的方法（衣片）

❀ 尺寸调整的提示

从领口开始钩编的优势在于尺寸调整方便。胸围尺寸的调整方法是改变拼叉袖山的起针数。
胸围尺寸的调整…该作品以图案为单位，左右每增加 1 个图案，袖围也增加 5cm 左右（袖子同衣片一样挑针，且 1 个图案为 4.9cm）。
长度的调整…花样编为 3 行 1 个图案，3 行单位可调整至合适的尺寸，1 个图案按照 2.6cm 计算。此外，袖长调整时也按同样方法。

3. 编织袖子

编织过肩休针的针圈、后侧的前后差部分及衣片时，从制作的拼叉袖山的对称侧开始挑针编织袖子。
8个图案9行编织成环状。此外，袖前缩小的作品需要在袖下进行减针。

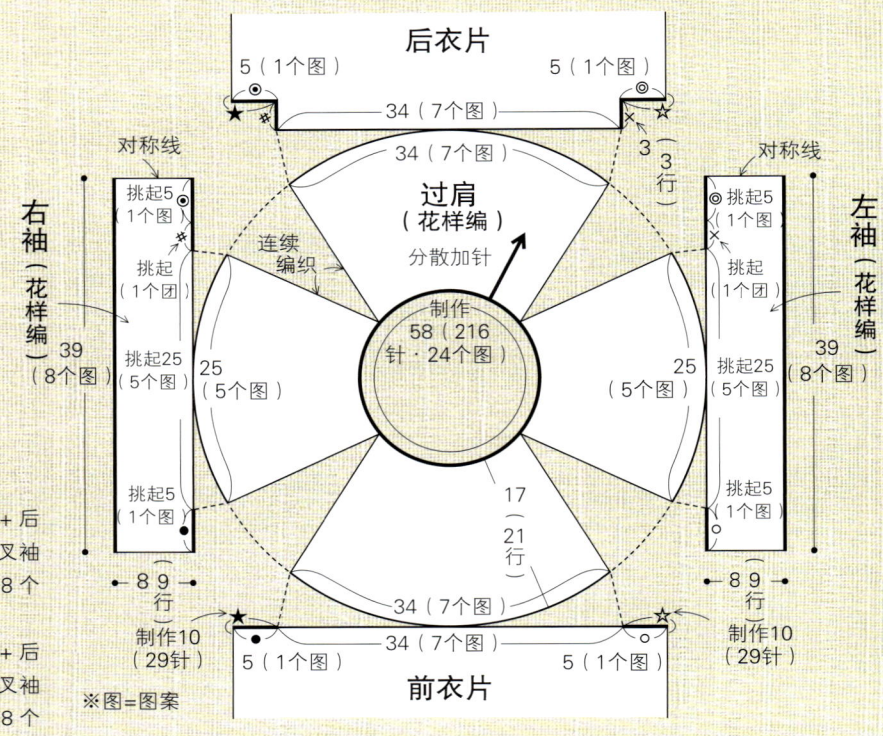

编织图中拼合记号的阅读方法

左袖…从过肩的休针部分开始的5个图案+后衣片的前后差（×）开始的1个图案+拼叉袖山部分（☆=◎+●）开始的2个图案=8个图案

右袖…从过肩的休针部分开始的5个图案+衣片的前后差（#）开始的1个图案+拼叉袖山部分（☆=◎+●）开始的2个图案=8个图案

● **从拼叉袖山·前后差开始的挑针**

从休针过肩的袖子部分、拼叉袖山及前后差部分开始挑针，制作成环状。前后差部分可算入后衣片侧的袖宽。

● **左袖**

接线于拼叉袖山中心的针圈，1针锁针立起，编织1个图案的花样编，并从过肩休针部分开始编织5个图案。从前后差开始挑起1个图案，从拼叉袖山的锁针编织1个图案，并在最初的短针侧引拔一周。

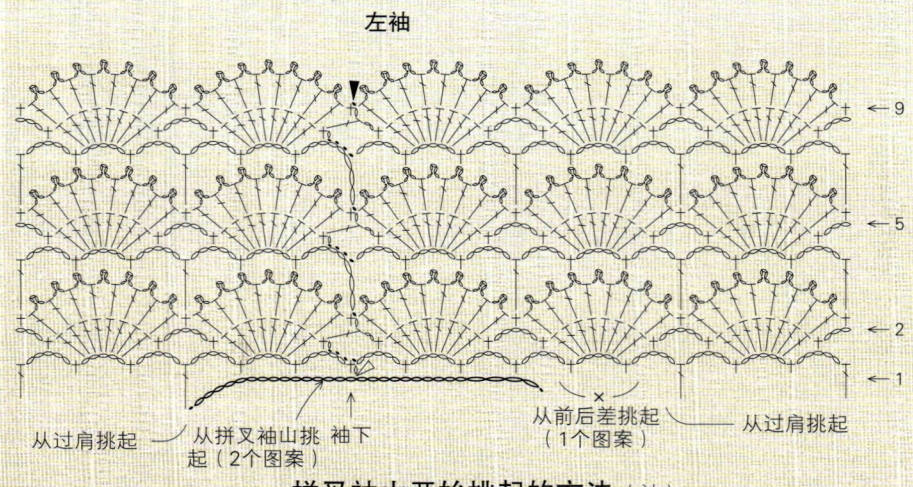

拼叉袖山开始挑起的方法（袖）

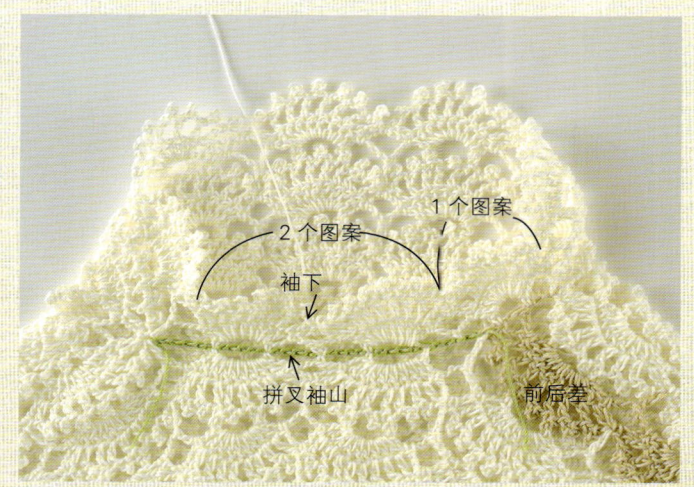

看向衣片背面，从拼叉袖山的锁针中央部分开始编织。

8个图案3行的袖子编织完成。拼叉袖山部分同衣片的图案呈现上下对称状态。接着，继续编织剩余的6个图案。

●右袖

同左袖一样，接线于拼叉袖山中心的针圈，编织1个图案的花样编，从前后差开始编织1个图案，从过肩开始编织5个图案。
从拼叉袖山的锁针开始编织1个图案，制作一周。

4. 最后编织领子

从锁针的起针开始挑起针圈，用边缘针编织领子。
通过编织边缘针，可以抑制起针的褶皱。
边缘针的手感会影响领开口，先试穿再确认合适的开口状态。

对齐过肩的花样编，编织边缘针。

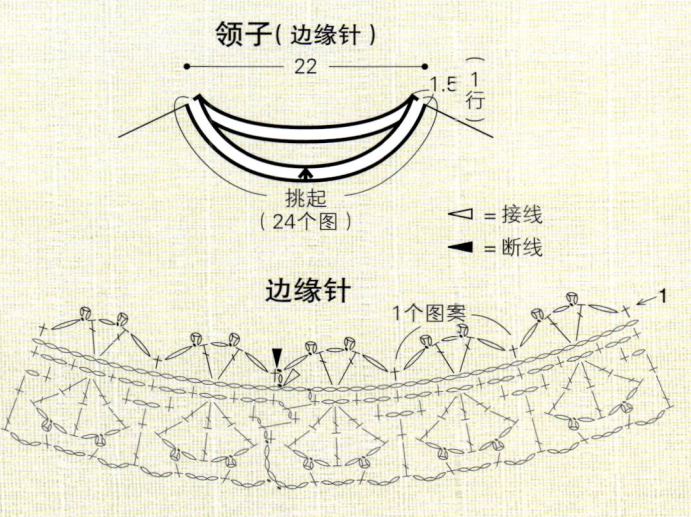

04 镶边菠萝图案的插肩毛衣

菱形包围着菠萝图案的独特设计。
还有鲜艳的颜色,让人神采奕奕。

设计◇冈MARI子　制作◇OUMIYOSHIE
线◇Hamanaka　Rich More 长绒棉〈带状〉

● 编织方法→72页

Top-Down Crochet

05 图案拼接的插肩开衫

清爽的直线图案和柔和的贝壳图案上下布置，制作成Y字领开衫。
一款让人感受到编织乐趣的作品

设计◇山本玉枝　制作◇佐藤SEI
线◇ Hamanaka FLUXC

● 详细步骤解说→22~27页

Top-Down Crochet

how to make
从领口开始的钩针编织

[从领口开始编织的插肩开衫]

插肩是[从领子开始编织的钩编]的另一种技法。
对于增加图案的大小、均匀编织扩大过肩整体的圆过肩，插肩袖在衣片及袖子的边界处的四个位置进行加针。通过加针位置的插肩线增加尖锐感。
本篇中，将通过上下位置分别使用了2种图案的 " 05 图案拼接的插肩开衫" 进行解说。
这种开始时没有进行常规的整圈环状编织，而是来回针编织。
编织方法的步骤基本同圆过肩一致，参照第10～17进行编织。

● 开衫的各部分及名称

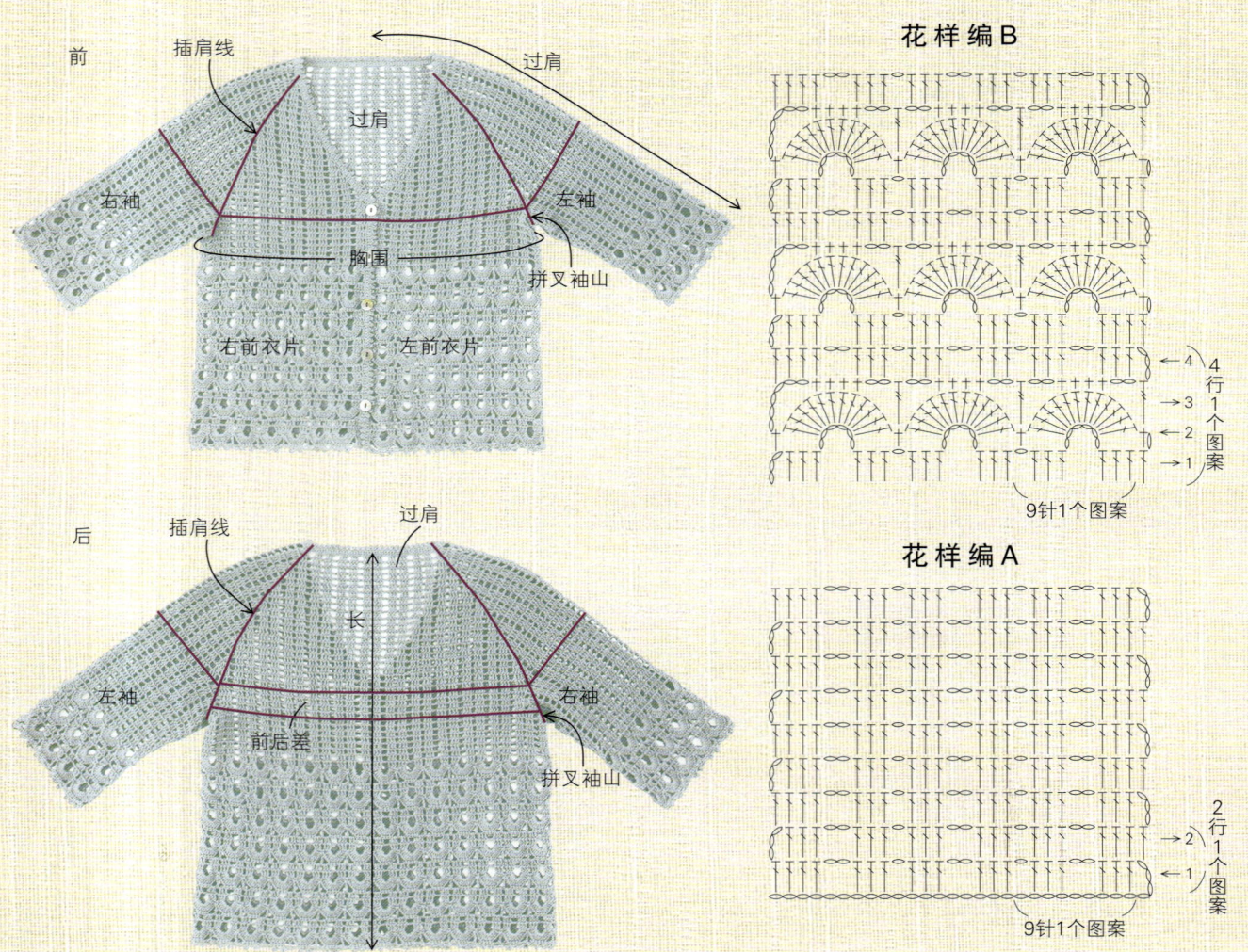

05　图案拼接的插肩开衫　　●图片→20页

(需要准备的物品) 线…Hamanaka FLUX C (中细型) 蓝色(6) 250g=10团　针…钩针3/0号・2/0　直径1.5cm纽扣5个
(成品尺寸) 胸围91.5cm、衣长55cm、袖长53cm

●胸围…后衣片(拼叉袖山3cm+从过肩挑起的尺寸39cm+拼叉袖山3cm)+前衣片(拼叉袖山3cm+从过肩挑起的尺寸19.5cm×2+拼叉袖山3cm)+前开襟宽1.5cm=91.5cm

●衣长…过肩长20cm+前后差3.5cm+侧边长(6.5cm+24.5cm+0.5cm)=55cm

●袖长…领开口宽度18cm÷2+过肩长20cm+袖长(13.5cm+10cm+0.5cm)=53cm

(织片密度) 花样编A：10cm见方为28针；花样编B：1个图案在3.2cm×10cm内为11行

●这里的花样编织片10cm见方内，有针数28针、行数11行。

●织片密度表示针圈的大小，是按照本书中尺寸制作的标准。如果试编的织片密度比书中标准大，则针圈过紧，应使用粗1号的针；如果比书中标准小，则针圈过松，应使用细1号的针。

(编织方法要点)
参照24开始的步骤进行编织。

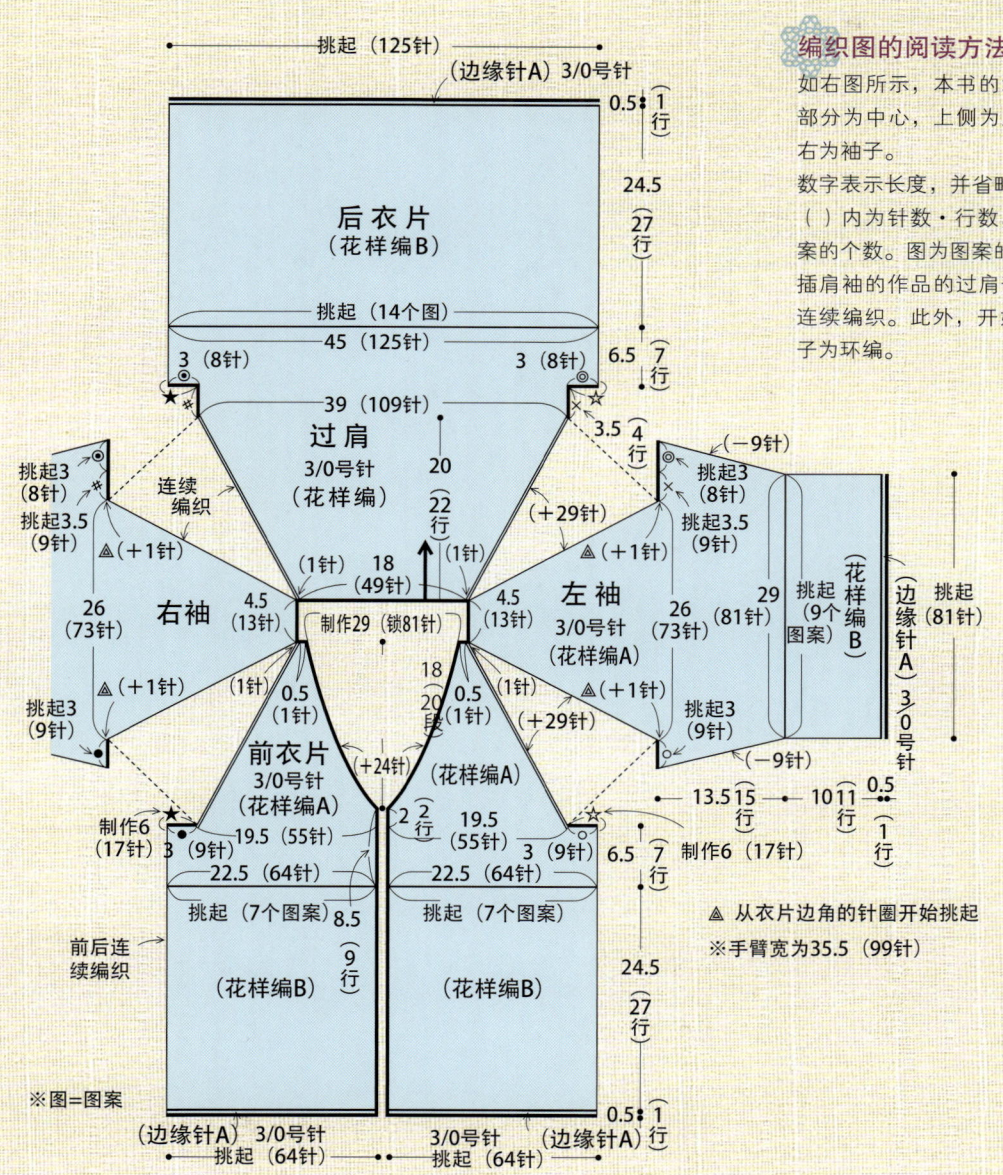

编织图的阅读方法

如右图所示，本书的编织图呈展开状绘制，过肩部分为中心，上侧为后衣片，下侧为前衣片，左右为袖子。

数字表示长度，并省略统一单位"cm"。

( )内为针数・行数，不用针数计算的图案为图案的个数。图为图案的省略。

插肩袖的作品的过肩部分通过插肩袖分离，此处连续编织。此外，开始的衣片为来回针编织，袖子为环编。

1. 编织过肩

过肩通过 22 页所示的花样编 A 进行编织。
领窝侧制作锁针的起针开始编织。而且,开始不需要编织成环状。
衣片和袖子的边界立起 1 针,插肩线加针。
同时,前领窝也左右加针,制作成 Y 字领。

● 领窝侧起针

同样的线,偏紧手感编织 81 针锁针,制作成环状。
3 针锁针立起,第 1 行挑起锁针的里侧,并用短针及锁针连续编织。

● 插肩线的加针

插肩袖加针时,在衣片和袖子边界的 4 个位置,从中心 1 针向左右均匀编织长针及锁针。
编织时注意 2、3 行及加针位置,插肩线会更加明显,使之后的操作更加容易。

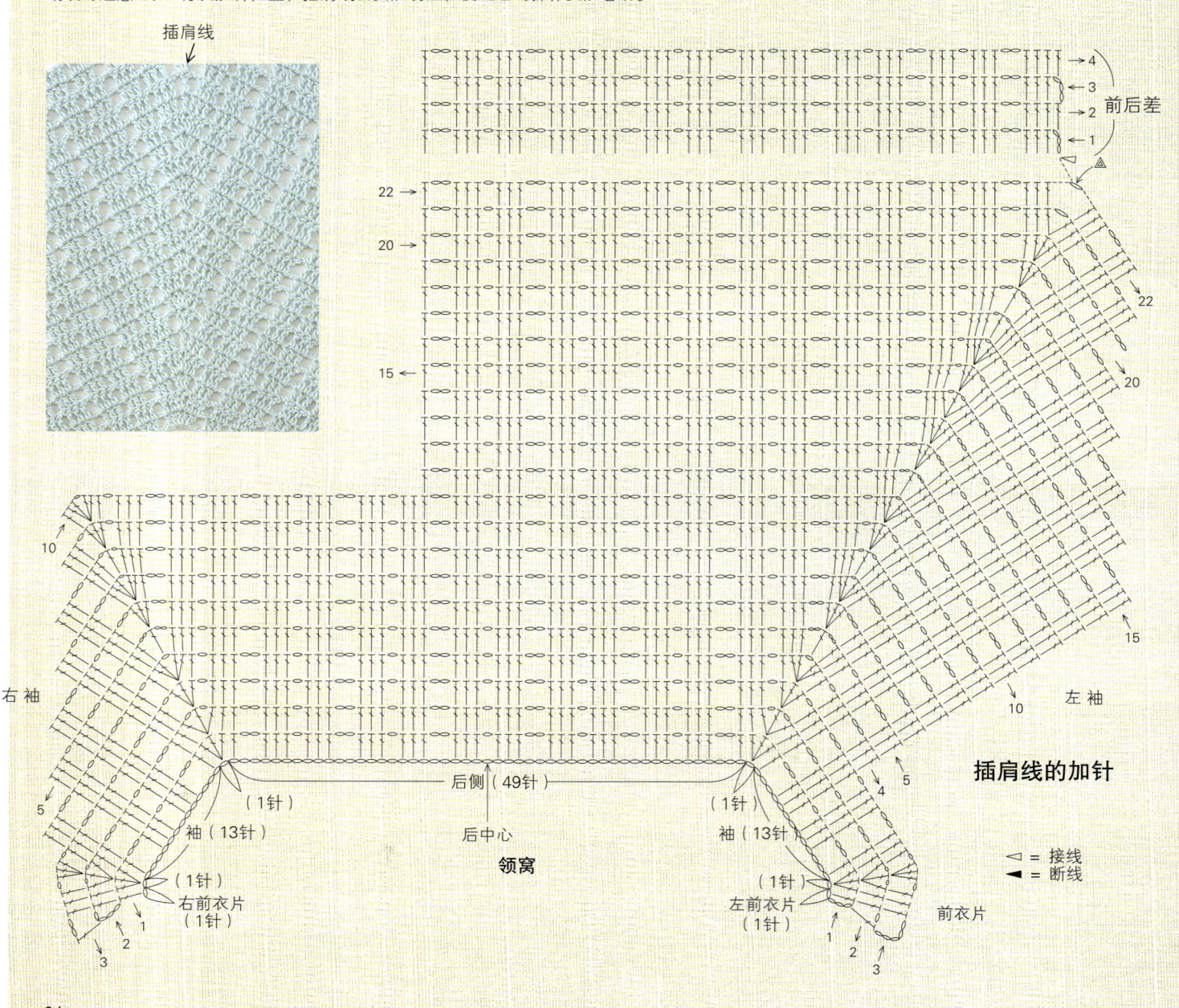

插肩线的加针

◁ = 接线
◀ = 断线

● 前领窝的加针

Y字领的开衫，左右端部从上一行的1针开始编织2～3针长针，进行加针。长针和锁针是简单的图案，可容易编织完成。
加针为20行，以此编织2行结束过肩部分。
接着继续编织衣片，不需要断线。

边缘针A 3/0号针

1个图案

边缘针B

边缘针A

领子·前开襟（边缘针B）
2/0号针

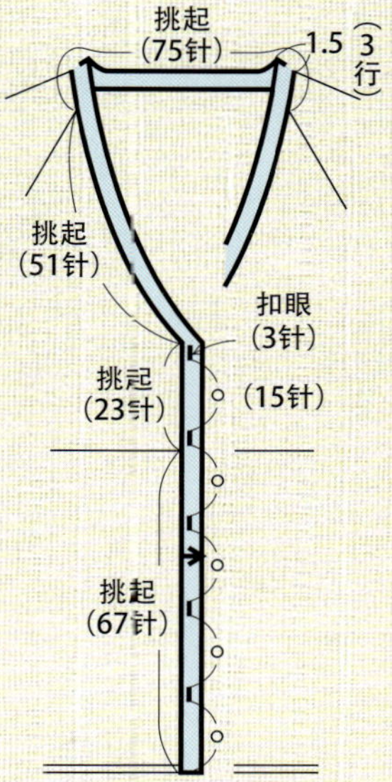

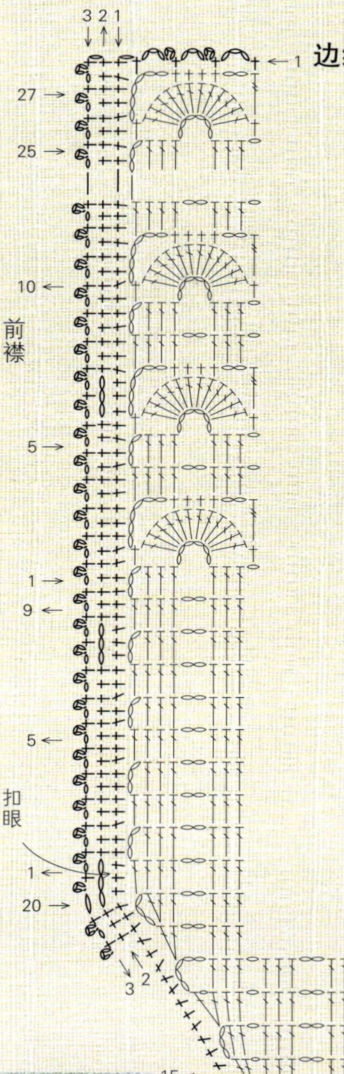

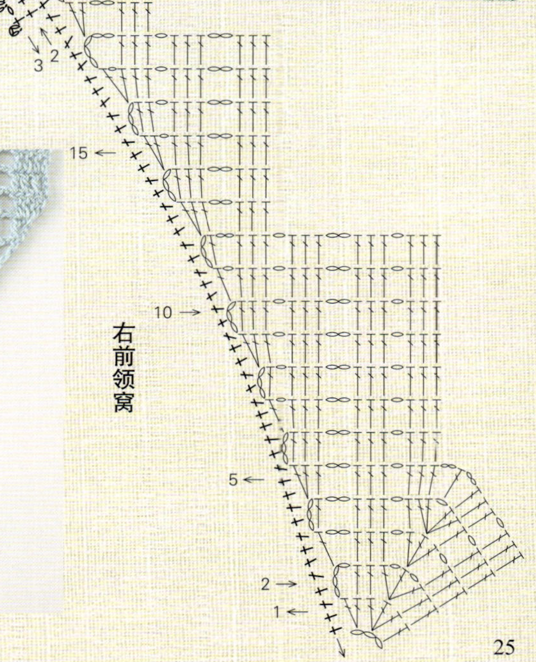

挑起（75针） 1.5 3行

挑起（51针）

扣眼（3针）

挑起（23针） 15针

挑起（67针）

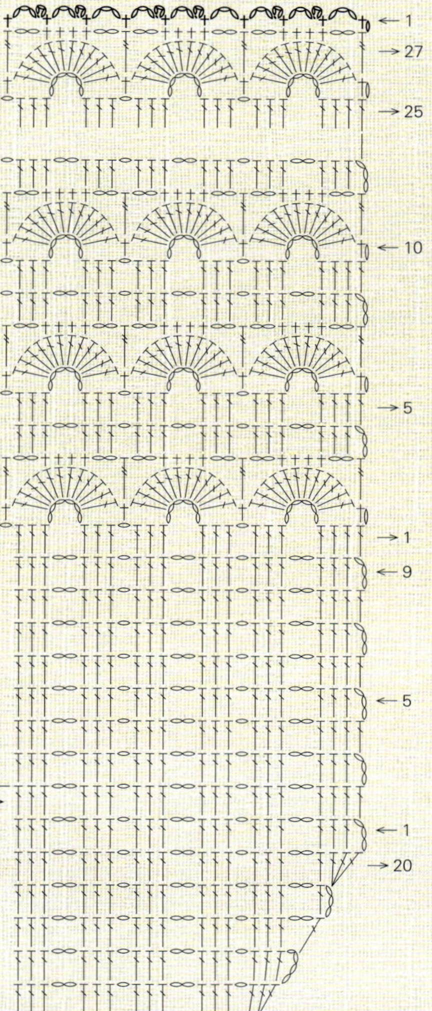

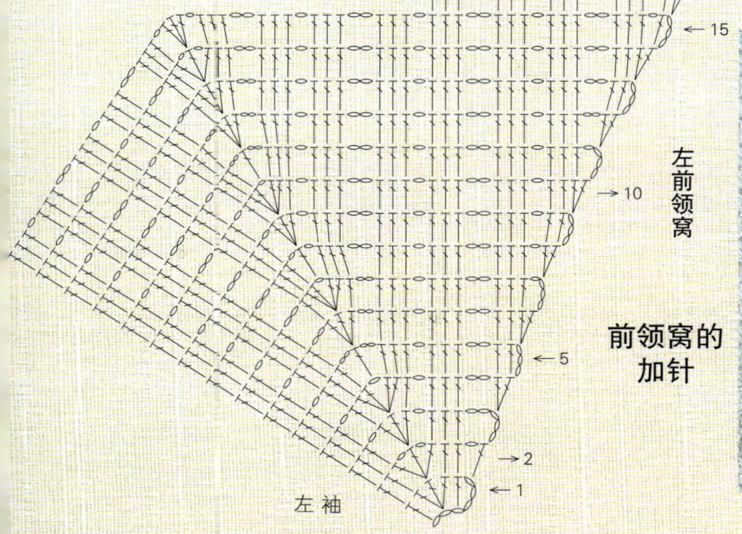

前襟

扣眼

右前领窝

左前领窝

前领窝的加针

右前领窝

左袖

2. 编织衣片

过肩编织完成后，分成衣片及袖子。过肩的后衣片部分使用来回针编织4行前后差部分。
接着，侧边制作锁针的拼叉袖山，连接前后衣片编织花样编A及花样编B。最后，通过边缘针A调整。

● 过肩分为衣片和袖子

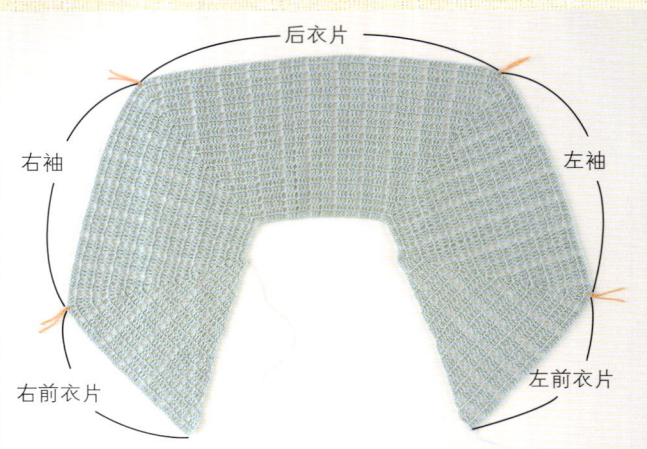

按照图案单位将过肩的最终行分为前后衣片、袖子等四个部分。中心立起的针圈位于后侧。。

● 后衣片侧编织前后差

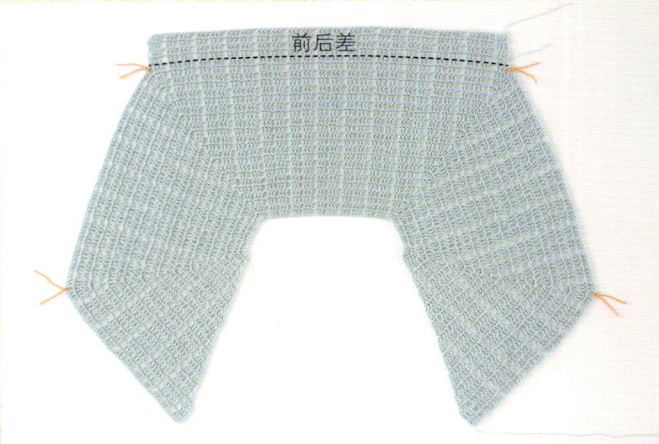

接着过肩侧，在后衣片侧编织前后差。由此，前领窝向下，更加贴合身体、易穿着。接新线于后衣片侧，来回针编织4行花样编A，最后断线。

● 制作拼叉袖山及编织衣片

前后衣片之间用锁针制作拼叉袖山，第1行从此处挑出，连接前后编织衣片。

新线接于后衣片前后差部分的端部，编织17针锁针，跳过袖子部分的73针，引拔拼接于前衣片的端部。

左右拼叉袖山拼接完成。

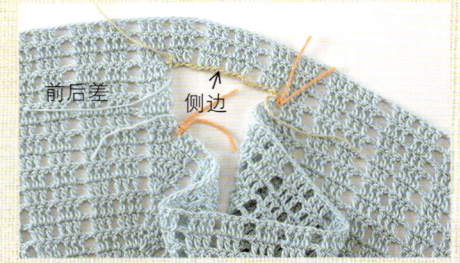

用休针的线从过肩开始连续编织花样编A。从拼叉袖山的锁针挑起里侧，编织17针。

从左右的拼叉袖山开始分别挑起17针，从过肩前挑起55针，从衣片后侧挑起109针，全部来回编织253针。
编织7行花样编A，换成花样编B编织27行，再编织下摆的边缘针，最后休针。（参照23页的编织图和26页的图案图）

💠 尺寸调整的提示

从领子开始编织的插肩袖的尺寸改变方法通过过肩长度进行调整（参照65页）
但是，该作品中后接花样编B比较困难，所以同圆过肩一样通过改变拼叉袖山宽度进行调整。1个图案为9针，左右分别增加9针，则胸围增加约6.5cm。袖子同衣片一样挑起，袖围也扩展1个图案。
长度的调整…花样编B为4行1个图案，可以4行为单位调整至适合的尺寸，1个图案为3.6cm。袖长也通过无加减的花样编B进行调整。

从拼叉袖山挑起的方法（衣片）

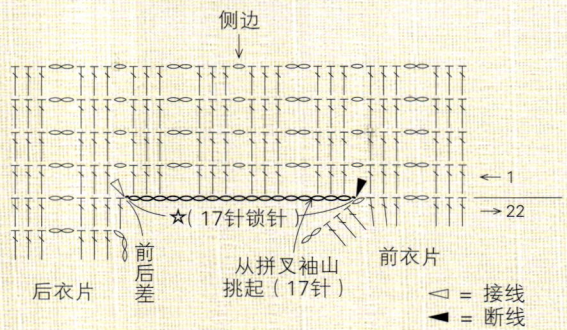

3. 编织袖子

编织过肩休针的针圈、后侧的前后差部分及衣片时，从制作的拼叉袖山的对称侧开始挑针编织袖子。
改变每行的编织方向，编织成环状。袖下减针，同时编织花样编 A，并直线编织花样编 B，最后通过边缘针 A 进行调整。

● 从拼叉袖山·前后差开始的挑针

从休针过肩的袖子部分、衣片侧及衣片侧的插肩袖中心立起的针圈逐针挑起针圈，并从侧边及前后部分开始挑针制作成环状。前后差部分可算入后衣片侧的袖宽。

● 左袖

接线于拼叉袖山中心，3 针锁针立起，编织花样编 A。再从插件线中心立起的针圈挑起 1 针（实际仅编织 1 针锁针），并继续编织过肩休针部分的图案。
从前后差开始挑起 9 针，从拼叉袖山的锁针编织 8 针，并在立针的锁针侧引拔一周。
花样编织袖下时，如图所示进行减针，接着替换成花样

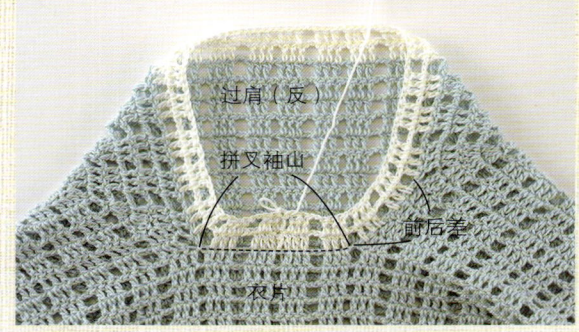

看向衣片背面，从拼叉袖山的锁针中央部分开始编织。
2 行袖子编织完成。拼叉袖山部分同衣片的图案呈现上下对称状态。
※ 为了方便识别，特意使用不同于作品的线。

3. 最后编织领子及前开襟

接着编织领子及前开襟。从休针的下摆边缘针 A 开始，参照 25·27 页的图案图，通过短针挑起针圈。
但是，领窝侧通过 6 处减针挑起。最后，右前开襟侧制作扣眼，第 3 行添加锁 3 针的引拔凸编。

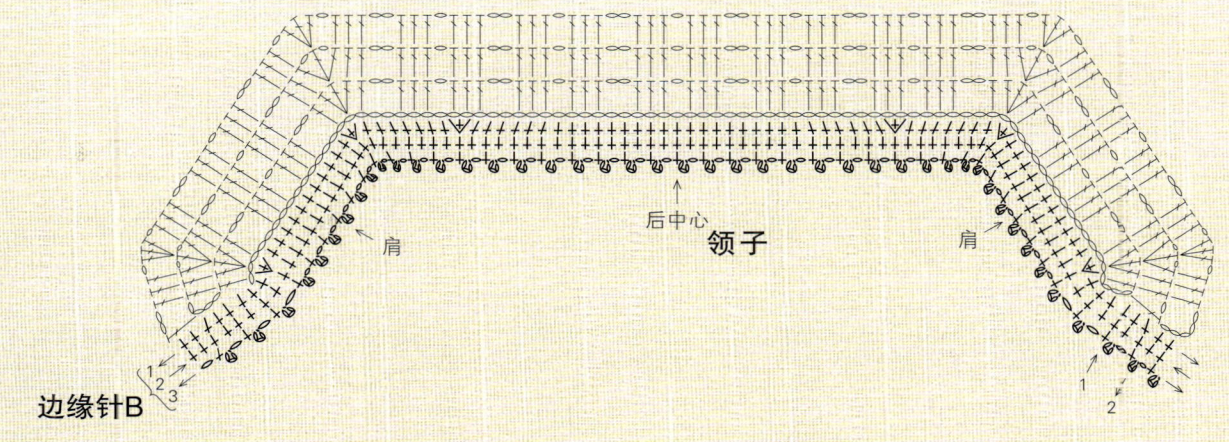

06 菠萝图案的圆过肩开衫

过肩部分加入清爽的菠萝图案，再用纤细的基底图案完成整体。
包扣也十分可爱，一款穿着舒适的开衫。

设计◇河合真弓　制作◇根本绢子
线◇ Hamanaka　Pich More 丝线〈纤细〉

●编织方法→82 页

Top-Down Crochet

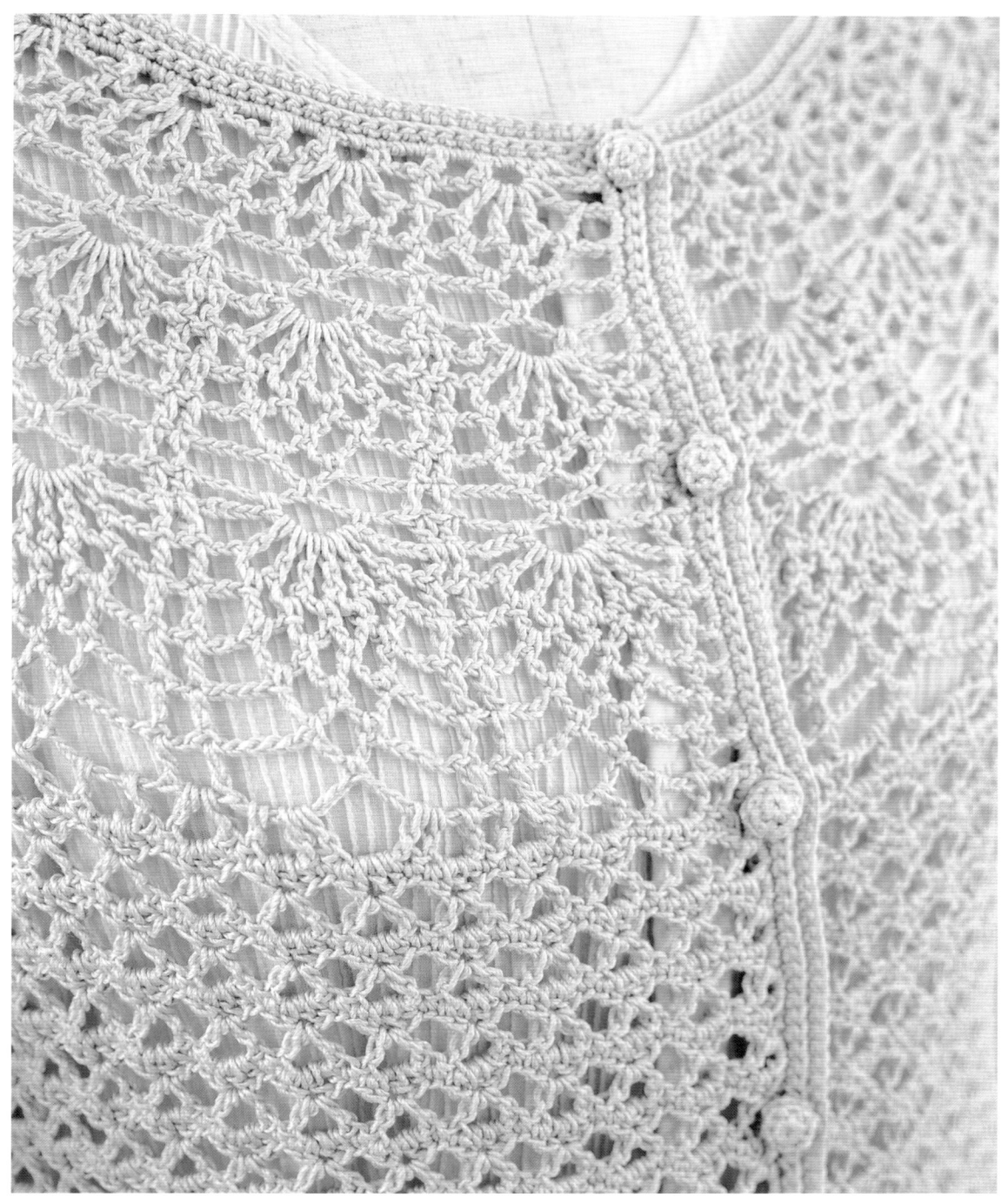

07 网针的圆过肩毛衣

浅紫色带来春天的气息,一款镂空质感的家居毛衣。
网针中添加凸编,不显单调。

设计◇冈本真希子
线◇Hamanaka Rich More〈天之水〉

● 编织方法→86 页

08 网针的圆过肩束身衣

同30页作品的编织方法一致，换成弹性较好的线即可转变不同风格。无袖或延长等变化都可自由操作，是本书中的一个范例。

设计◇冈本真希子
线◇ Hamanaka Sarasa

● 编织方法→88页

Top-Down Crochet

09 简单图案的圆过肩毛衣

过肩部分均匀分配加针，以此将图案整齐延伸至衣片及袖子。
经典实用，一款基本款型的毛衣。

设计◇山本玉枝　制作◇本山叶子
线◇ Hamanaka Paume Crochet〈草木染〉

● 编织方法→34 页

Top-Down Crochet

09 简单图案的圆过肩毛衣 ●图片→32页

（需要准备的物品）线…hamanaka Paume Crochet〈草木染〉（中细型）暗红色（73）210g=9团 针…钩针3/0号・2/0号

（成品尺寸）胸围96cm、衣长53.5cm、袖长43cm

（织片密度）花样编B：1个图案在3.2cm×10cm内为11.5行

（编织方法要点）花样编…图案由长针及锁针构成，整体编织状态保持一致。过肩…领窝侧进行锁针的起针制作成环状，并挑起里侧编织花样编A。重复14个图案，最后断线。

衣片…过肩的后衣片侧通过来回针编织4行前后差。通过29针锁针的拼叉袖山连接前后衣片。从拼叉袖山制作3个图案，整体30个图案，将衣片编织成环状。最后，通过边缘针A调整。袖子…从过肩、拼叉袖山及前后差挑起针圈，无加减针编织13个图案。领子…从起针侧开始挑起针圈，用边缘针B进行编织。

尺寸变更的提示

拼叉袖山增加1个图案、10针锁针，则增加3cm，胸围侧增加6cm。长度按照2行1个图案约为1.7cm的算法进行调整。

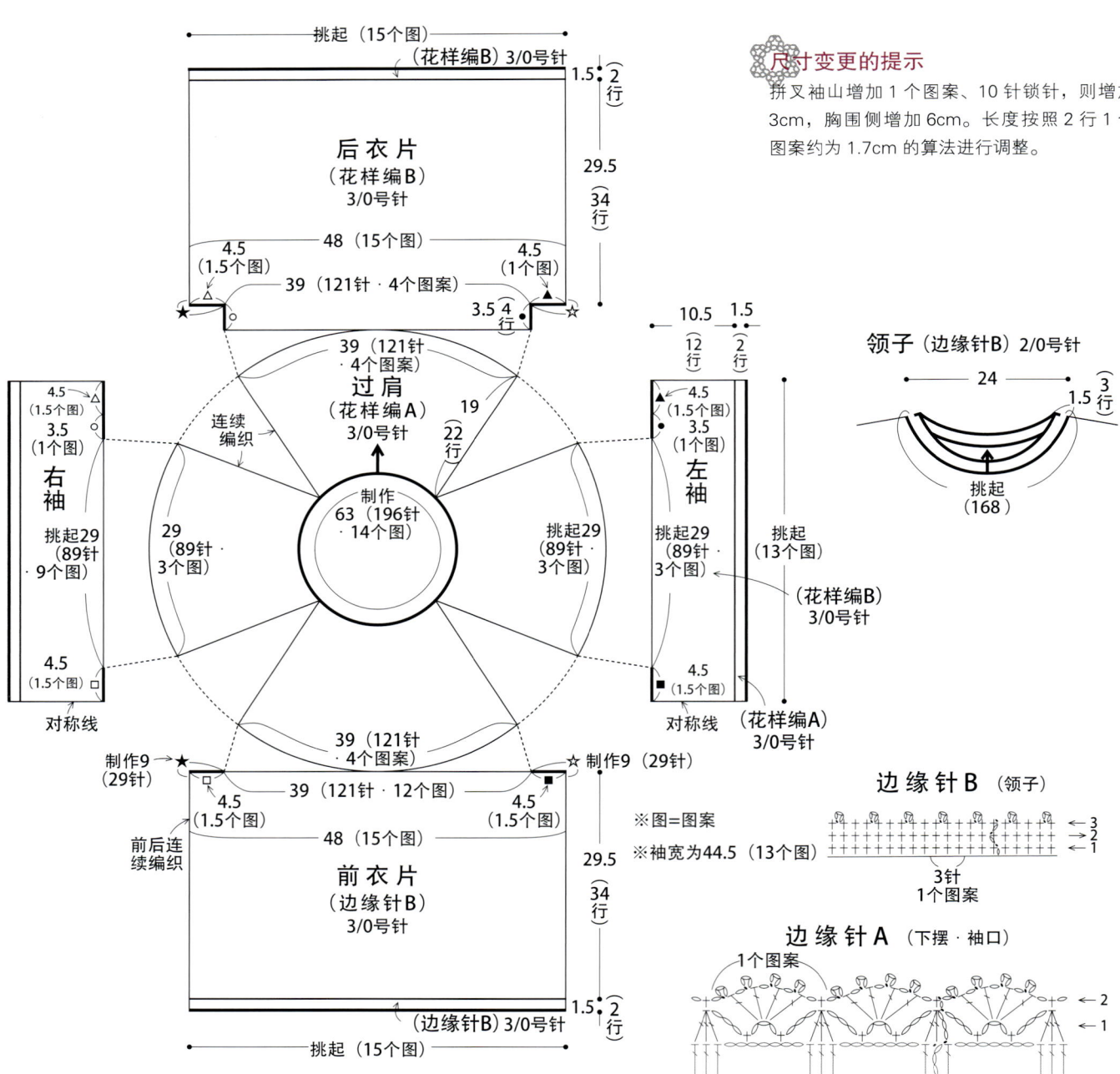

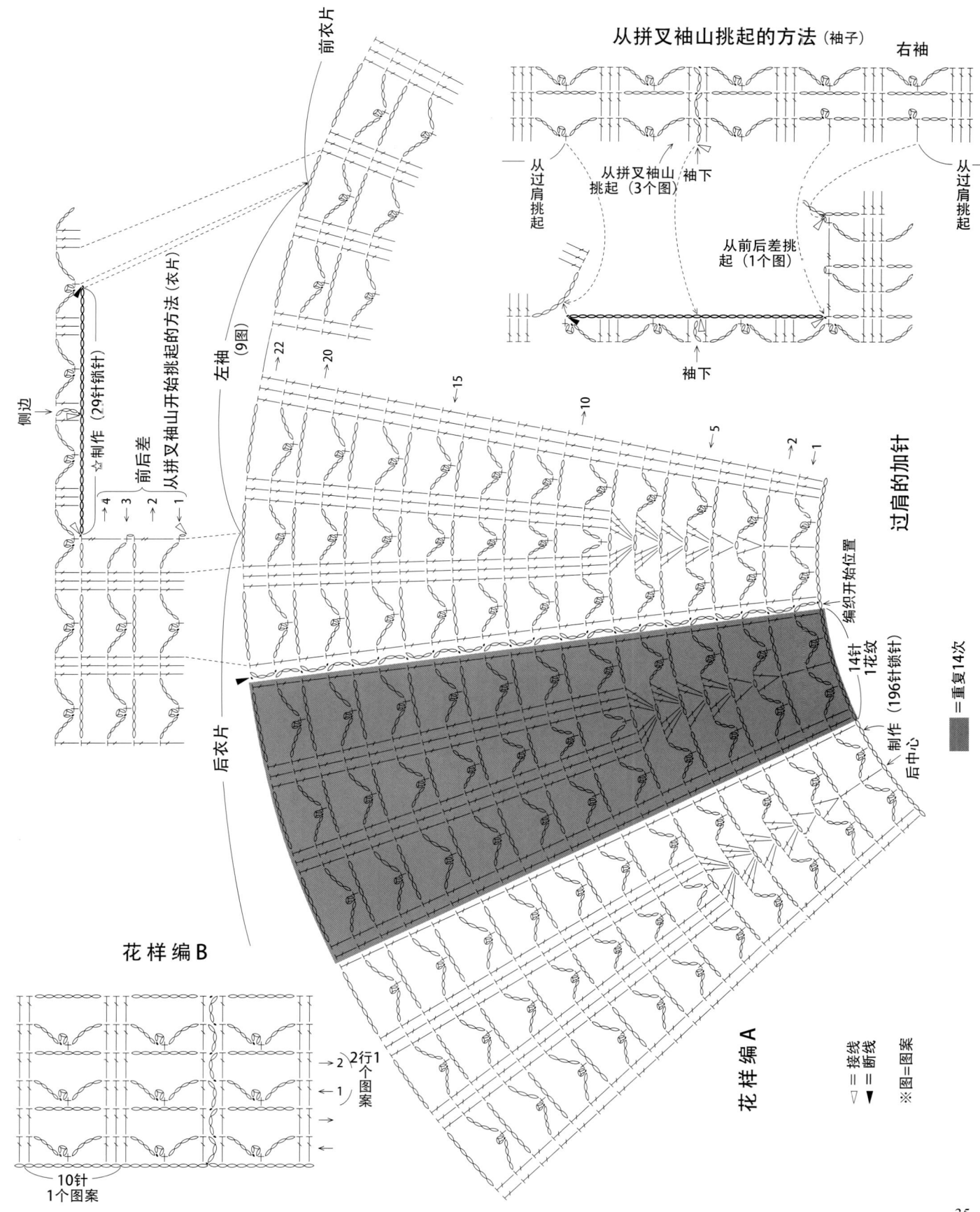

10 玉编的圆过肩毛衣

遍布过肩的立体感玉编极具魅力。
纤细的镂空图案散发着清凉之感，穿着的实感或感观都清爽的毛衣。

设计◇冈 MARI　制作◇内海理
线◇ Hamanaka 可洗棉〈钩针编织〉

●编织方法→38 页

11 荷叶边装饰的圆过肩毛衣

用加入金丝的段染线改款36页的作品。
波浪般的荷叶边显得华丽、轻盈。

设计◇冈MARI　制作◇内海理
线◇Hamanaka Passage

● 编织方法→39页

Top-Down Crochet

10　玉编的圆过肩毛衣　●图片→36页

（需要准备的物品）　线…Hamanaka 可洗棉〈钩针编织〉（中细型）浅米色（117）300g=12团　针…钩针3/0号·2/0号
（成品尺寸）　胸围99cm，衣长51.5cm，袖长45cm
（织片密度）　花样编B：1个图案在3.1cm×10cm内为11行（3/0号）；1个图案在2.9cm×10cm内为12行（2/0号）
（编织方法要点）花样编…花样编A的爆米花针不能产生松动。过肩…领窝侧进行锁针的起针，挑起锁针的半针和里侧的2个线圈，开始编织。逐行改变编织方向，用花样编A编织成环状。

衣片…接着过肩，在后衣片侧用花样编来回编织前后差部分的3行。从拼叉袖山的19针锁针挑起2个图案，编织的同时调整花样编B的32个图案的纸品密度。最后，制作边缘针A。袖子…接线于拼叉袖山的中心，挑起13个图案进行编织。袖下如图所示减针。领子…边缘针B进行编织。

尺寸变更的提示
拼叉袖山左右每个图案逐次增加花样编B，则拼叉袖山的锁针为29针，胸围扩大6cm以上。长度按照1个图案2行为1.8cm的算法进行调整。

→接92页

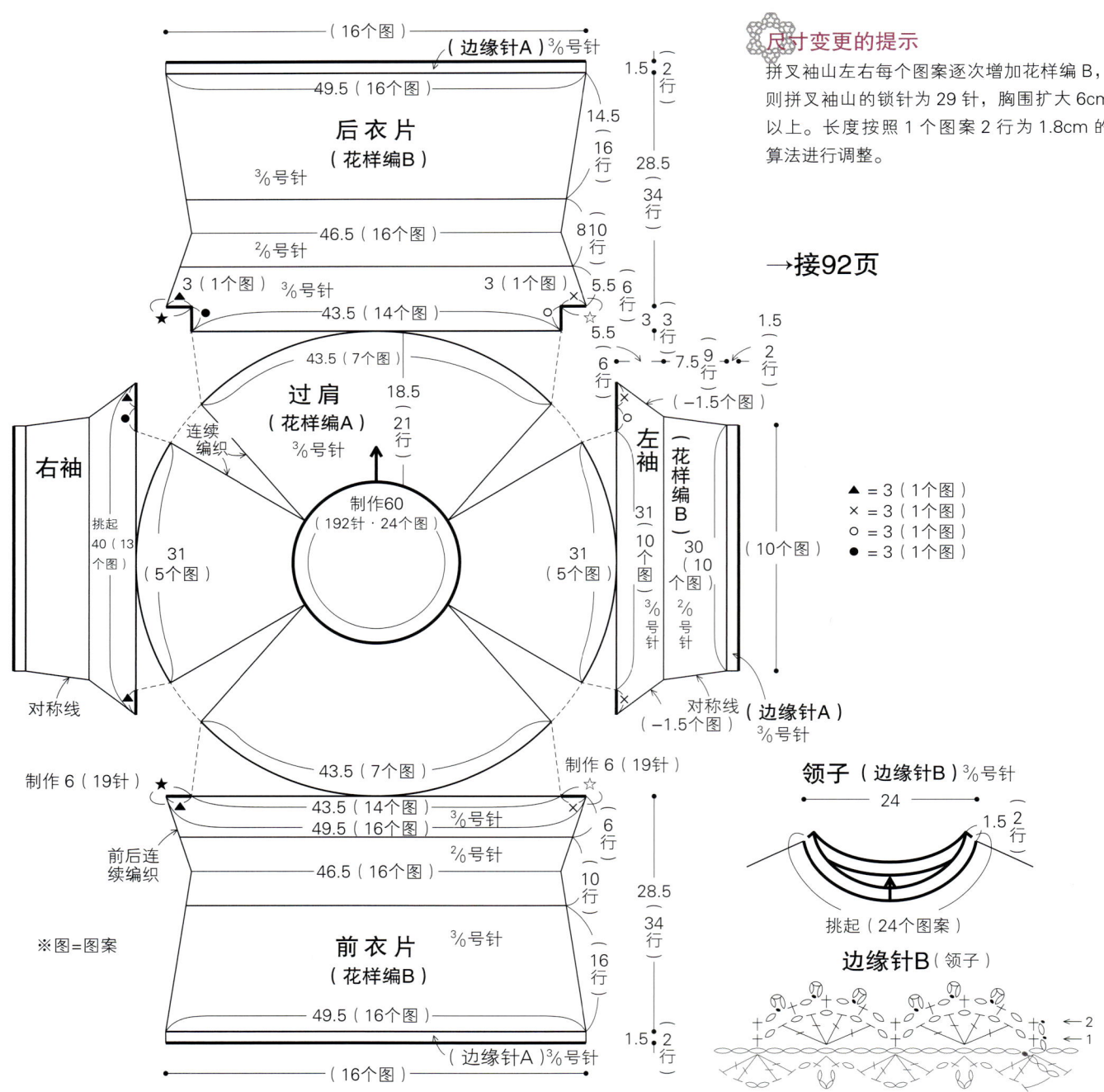

11 荷叶边装饰的圆过肩毛衣

● 图片→37页

（需要准备的物品）线…Hamanaka passage（中细型）粉红色×黄色系（2）230g=10团 针…钩针3/0号

（成品尺寸）胸围106cm、衣长61cm、袖长40.5cm

（织片密度）花样编B（衣片）：1个图案在3.3cm×10cm内为10.5行

（编织方法要点）花样编·过肩…同作品10的编织方法一致。
衣片…同作品10的编织方法一致，但不需要调整织片密度。最后，用边缘针C制作荷叶边。袖子…同作品10一样的开始方式，编织时袖下仅减针6行花样编B。最后，编织稍稍减少荷叶边的边缘针C'。领子…边缘针D制作荷叶边。

尺寸变更的提示

拼叉袖山左右每个图案逐次增加花样编B，则拼叉袖山的锁针为29针，胸围扩大6.5cm以上。长度按照1个图案2行为1.9cm的算法进行调整。

→接92页

长针5针的爆米花针

相同针圈侧编织5针长针，抽出钩针重新送入。

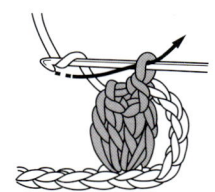

引拔线圈，再次锁针收紧。

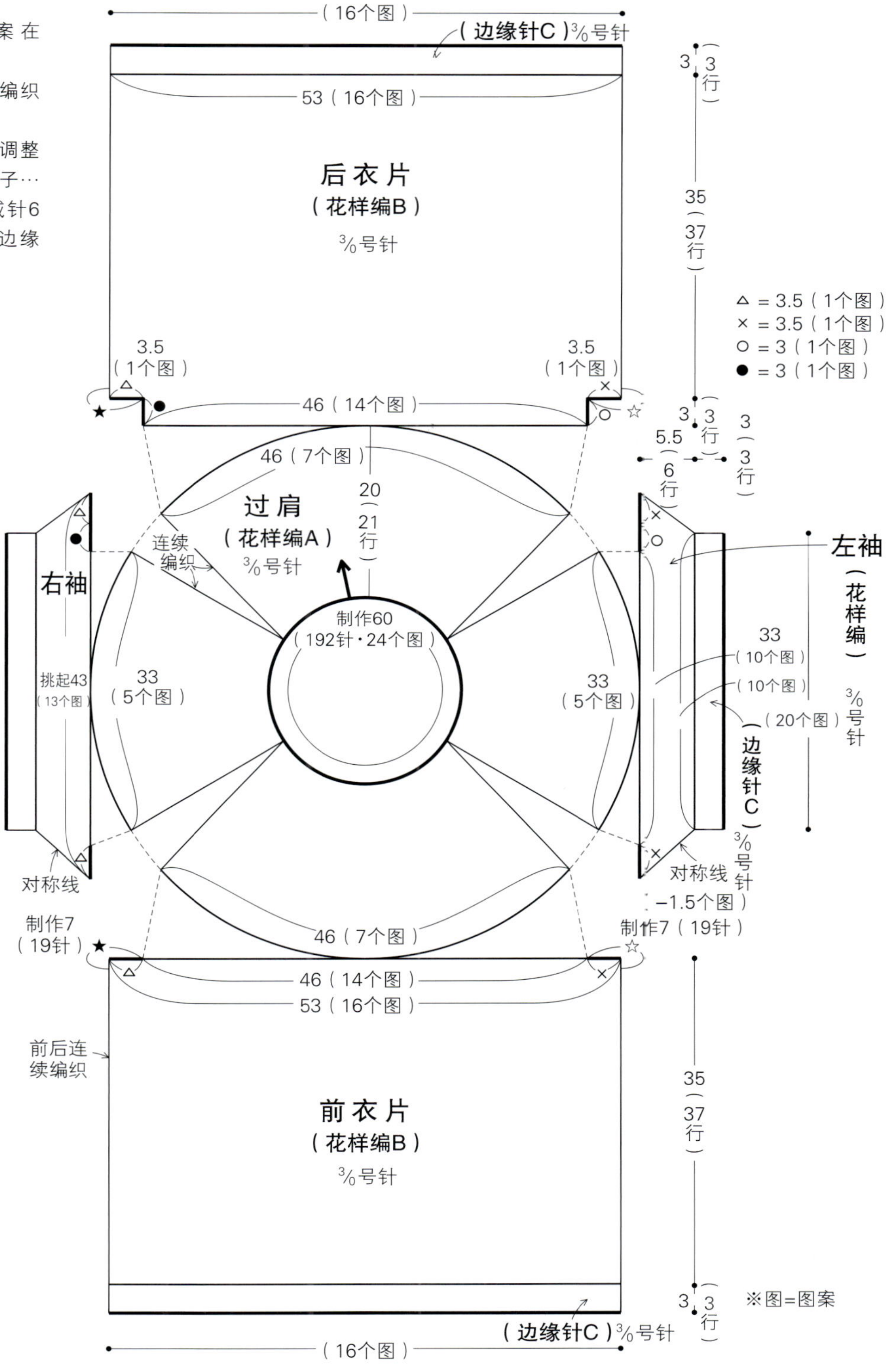

12　松高领的蝙蝠袖风格束身衣

接着宽大的领子，继续编织长的圆过肩。
衣片前后采用不同编织方法制作出变化感，一款靓丽的束身衣。

设计◇岸 睦子
线◇ Hamanaka Claune

●编织方法→42 页

Top-Down Crochet

12　松高领的蝙蝠袖风格束身衣 ●图片→40页

（需要准备的物品）　线…Hamanaka Claune（中细型）绿色×浅紫色系（1）400g=16团　针…钩针5/0号

（成品尺寸）　胸围120cm、衣长64.5cm、袖长56.5cm

（织片密度）　花样编：1个图案在2.3cm×10cm内为13行；长针：10cm见方内为24针×12行

（编织方法要点）**花样编**…方孔针及网针等重复编织8行的图案。**领子**…领窝侧进行锁针的起针制作成环状，挑起锁针的半针和里侧的2个线圈开始编织。逐行改变方向，用花样编无加减编织成环状。
过肩…在指定的行均匀增加扩展短针的针数。
衣片…将过肩分为衣片及袖子的四个部分，衣片用来回针平直编织。左右分别制作8针锁针的拼叉袖山，从拼叉袖山和过肩开始挑起针圈。两端如图所示减针，并编织花样编。前后任一侧的线保留、不剪断。
袖子…从拼叉袖山和过肩挑起针圈，长针编织成环状。最后，用边缘针A进行调整。**完成**…引拔的锁针缀缝侧边。最后，用之前休针的线逐行改变编织方向，长针编织成环状。接着从领子的起针开始挑起针圈，编织边缘针B。

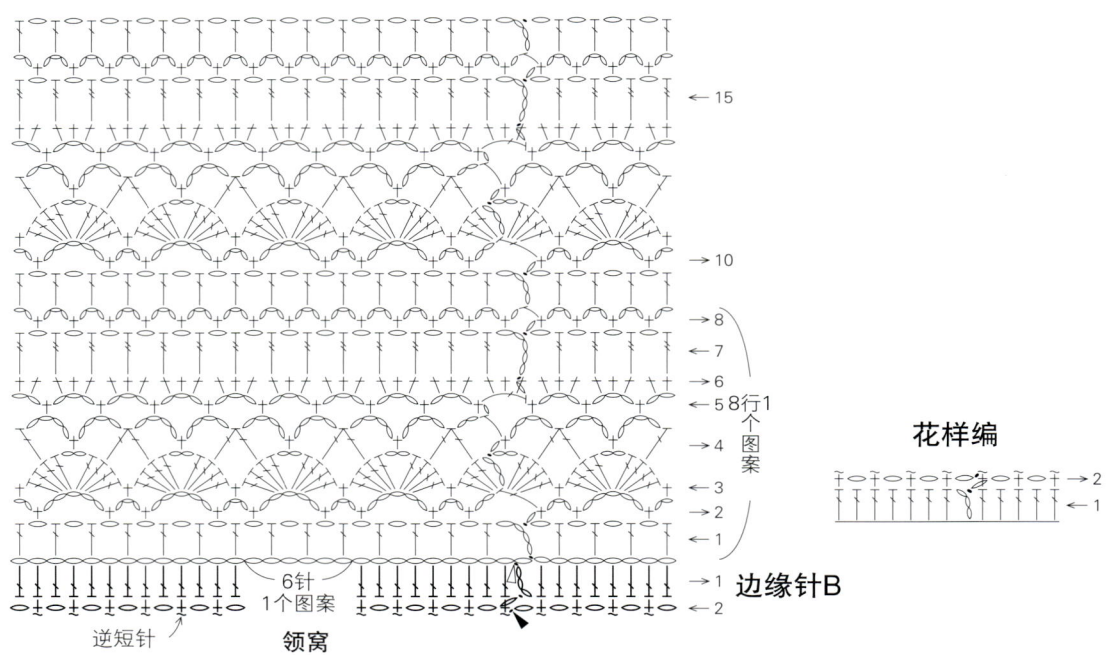

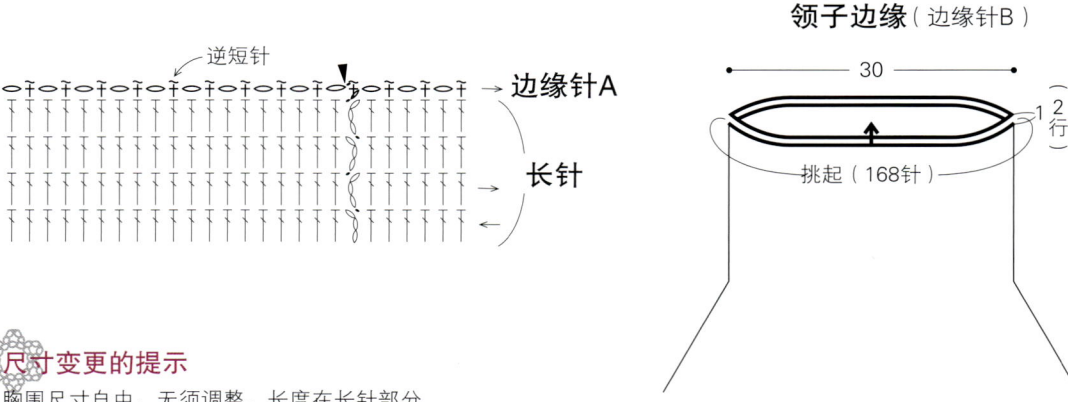

尺寸变更的提示
胸围尺寸自由，无须调整。长度在长针部分加减针。

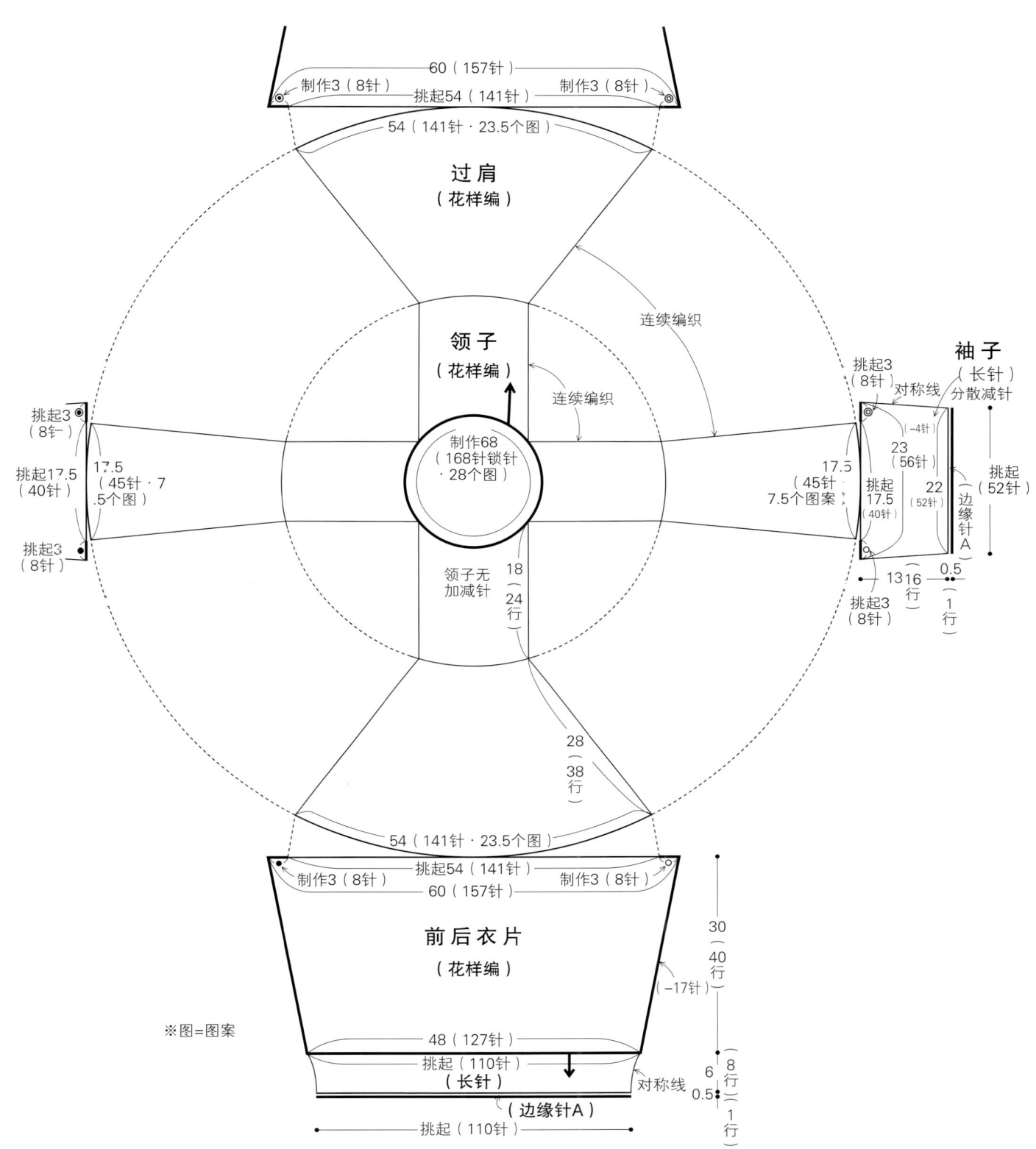

→接94页

13　阿伦图案的圆过肩背心

过肩部分采用新颖的阿伦图案，一款棉质的背心。
素雅的风格中，荷叶边及丝带的装饰也增添了成熟的可爱气质。

设计◇林 久仁子
线◇ Hamanaka　可洗棉

●编织方法→46 页

Top-Down Crochet

13 阿伦图案的圆过肩背心

●图片→44页

（需要准备的物品） 线…Hamanaka 可洗棉（中粗型）原色（2）400g=10团 针…钩针4/0号・5/0号・6/0号

（成品尺寸） 胸围84cm、衣长49cm、袖长33.5cm

（织片密度）花样编B：10cm见方内为5.2个图案×13行

（编织方法要点）花样编…花样编A的长针的正引上针送入上一行针圈的底部编织时，引出较长的线。过肩…领窝侧进行锁针的起针制作成环状，并挑起里侧编织花样编A。如图所示，边增加针圈，边沿着相同方向编织6个图案。最后，仅连接荷叶边的第1行，整周编织。

衣片…换成6/0号针，从花样编A的3个网格约2个图案的比例挑起花样编B。接着过肩，在后衣片侧用来回针编织前后差部分的4行，并继续连接至衣片，从拼叉袖山的12针锁针开始挑起3个图案，编织成环状。接着，在下摆侧编织荷叶边。袖口…从过肩、前后差及拼叉袖山的锁针挑起针圈，用边缘针B编织。领子…从荷叶边第1行针开始挑起针圈，用边缘针A编织。接着编织网针，制作成荷叶边。再将线条穿过领子，并打结。完成…将荷叶边缝接于过肩末尾编织的网针侧。

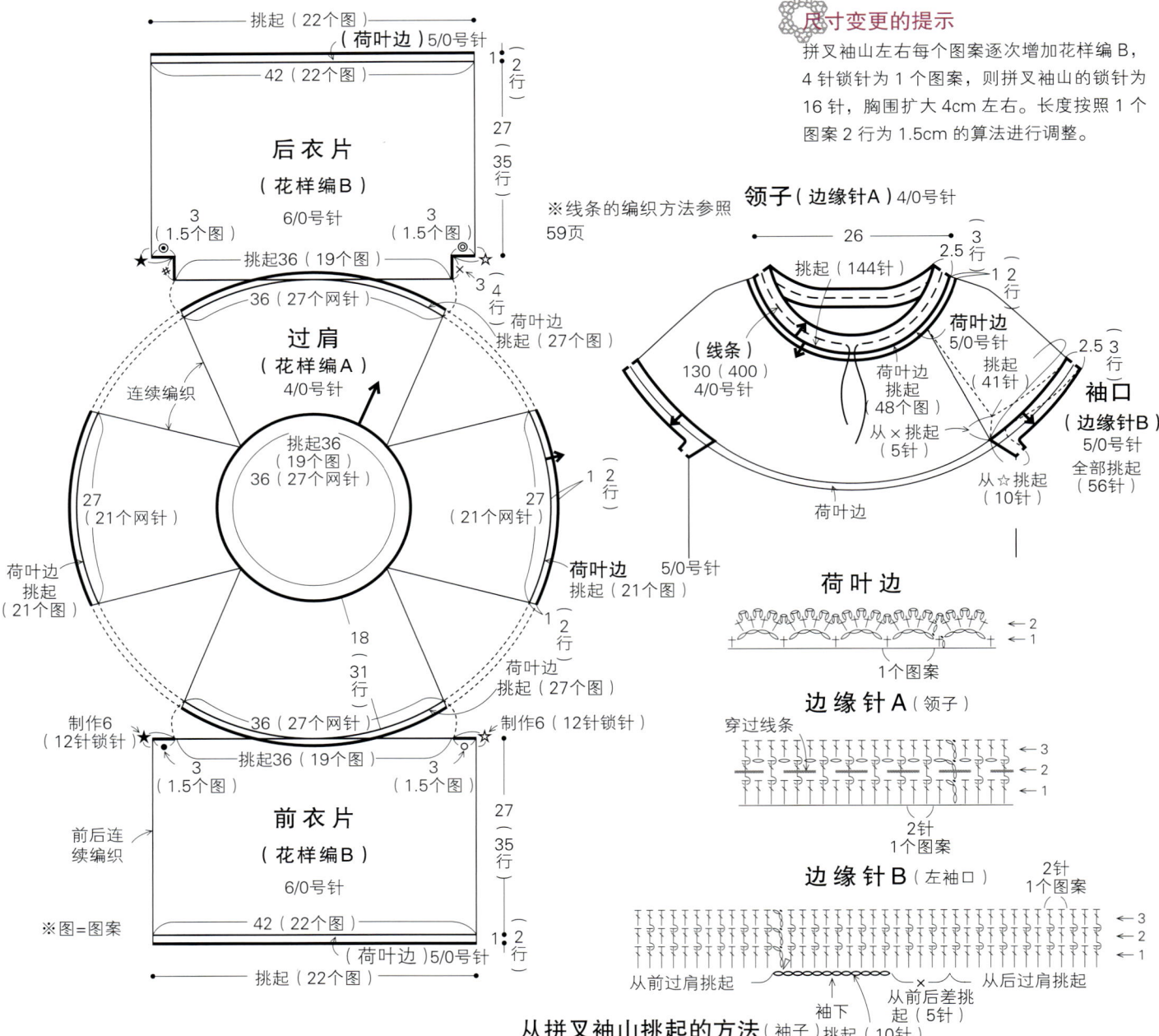

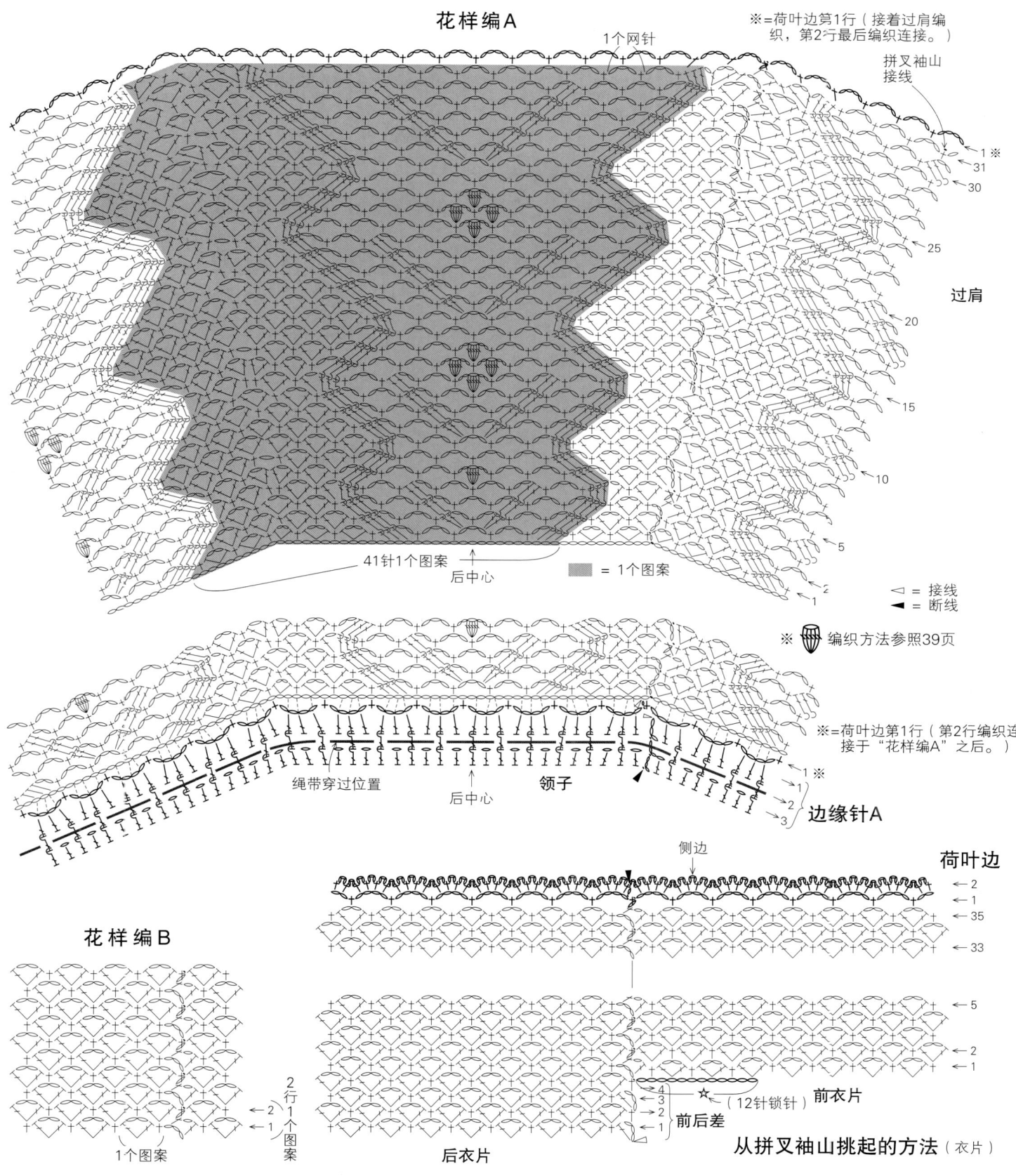

14 几何学图案的圆过肩短上衣

单纽扣设计的经典短上衣。
充满变化的织片拼接,简单中透出华丽。

设计◇岸 睦子
线◇ Hamanaka Rich More 长绒棉

● 编织方法→50 页

Top-Down Crochet

13　几何图案的圆过肩短上衣

●图片→48 页

（需要准备的物品） 线…Hamanaka Rich More 长绒棉（中细型）褐色（16）220g=6 团　针…钩针 4/0 号　直径 1.5cm 纽扣 1 个
（成品尺寸） 胸围 98cm、衣长 47.5cm、袖长 37cm
（织片密度） 花样编 B：10cm 见方内为 2.5 个图案 ×12 行
（编织方法要点） 花样编…从花样编 A 移动至花样编 B 时，编织 1 行短针的麻花针。编织上一行时，锁针的部分也是挑起锁针的对面半针及里侧。过肩…领窝侧进行锁针的起针，挑起锁针的半针及里侧的 2 个线圈，用花样编 A 开始编织。

衣片…将过肩分为衣片及袖子的 5 个部分，并在后衣片侧用花样编 B 编织 3 行前后差部分。拼叉袖山的 15 针锁针连接于左右，同样从拼叉袖山侧挑起，继续编织前后衣片。同时，注意最终行的变化。袖子…接线于拼叉袖山的端部，从拼叉袖山、过肩及前后差开始挑起针圈，用花样编 B 进行编织。领子・前开襟…边缘针编织领子，接着编织前开襟。最后，右侧制作扣眼。

尺寸变更的提示

拼叉袖山左右每个图案逐次增加花样编 B，则拼叉袖山的锁针为 25 针，1 个图案为 4cm，胸围扩大 4cm 以上。长度按照 1 个图案 6 行为 5cm 的算法进行调整。

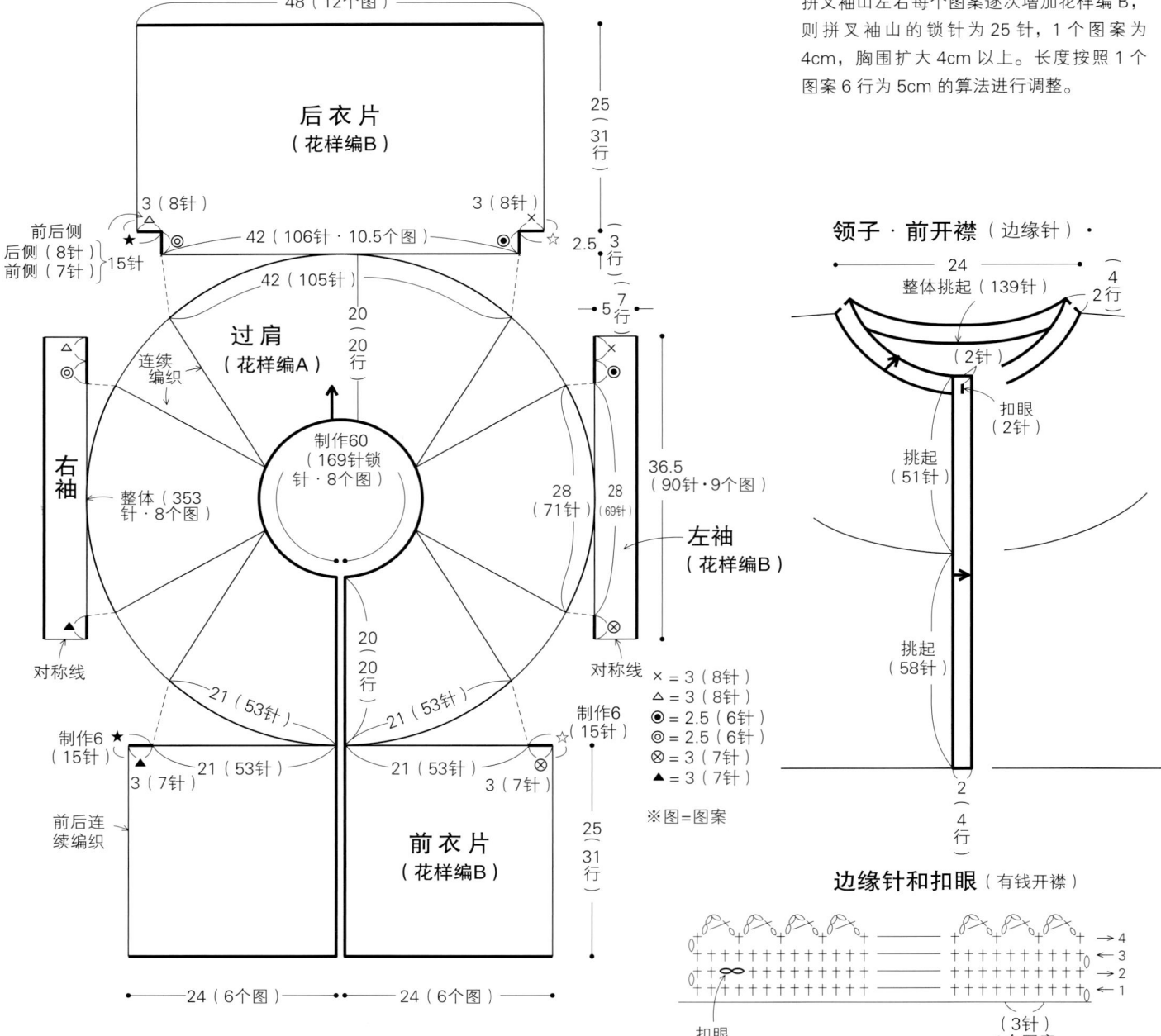

过肩 花样编A

(44针) 1个图案

(21针) 1个图案

= 重复8次

→接81页

15 阿伦图案的插肩毛衣

端庄的方孔针的中心搭配着丰富设计表情的阿伦图案，一款精致的七分袖毛衣。
光泽质感的人造丝，制作出优雅的风格。

设计◇武田敦子　制作◇亚砂子
线◇ Hamanaka Brillian

●编织方法→77 页

Top-Down Crochet

16 方孔针的插肩背心

● 图片 → 56 页

（需要准备的物品） 线…Hamanaka 清凉 Coolier（中粗型）浅绿色（7）280g=10 团　针…钩针 4/0 号
（成品尺寸） 胸围 92cm、衣长 51.5cm、袖长 29cm
（织片密度） 花样编 B：10cm 见方内为 27 针 ×16 行
（编织方法要点） 花样编…整体为长针、短针、锁针钩针的双方孔针制作而成。过肩…领窝侧进行锁针的起针，并挑起里侧开始编织，逐行改变方向，用花样编编织成环状。如图所示，在 4 处插肩线侧进行加针。

衣片…分成衣片及袖子的 4 个部分，接线于后衣片，编织 6 行前后差。拼叉袖山的 16 针锁针连接于左右，从拼叉袖山接线于第 8 针，同样从拼叉袖山开始挑起针圈，接着前后衣片编织成环状。最后，同样继续编织边缘针。袖口…从拼叉袖山的中间位置接线，再从拼叉袖山、前后差及过肩的袖子部分开始挑起针圈，编织 3 行边缘针。领子…编织边缘针，但边角侧如图所示进行减针。

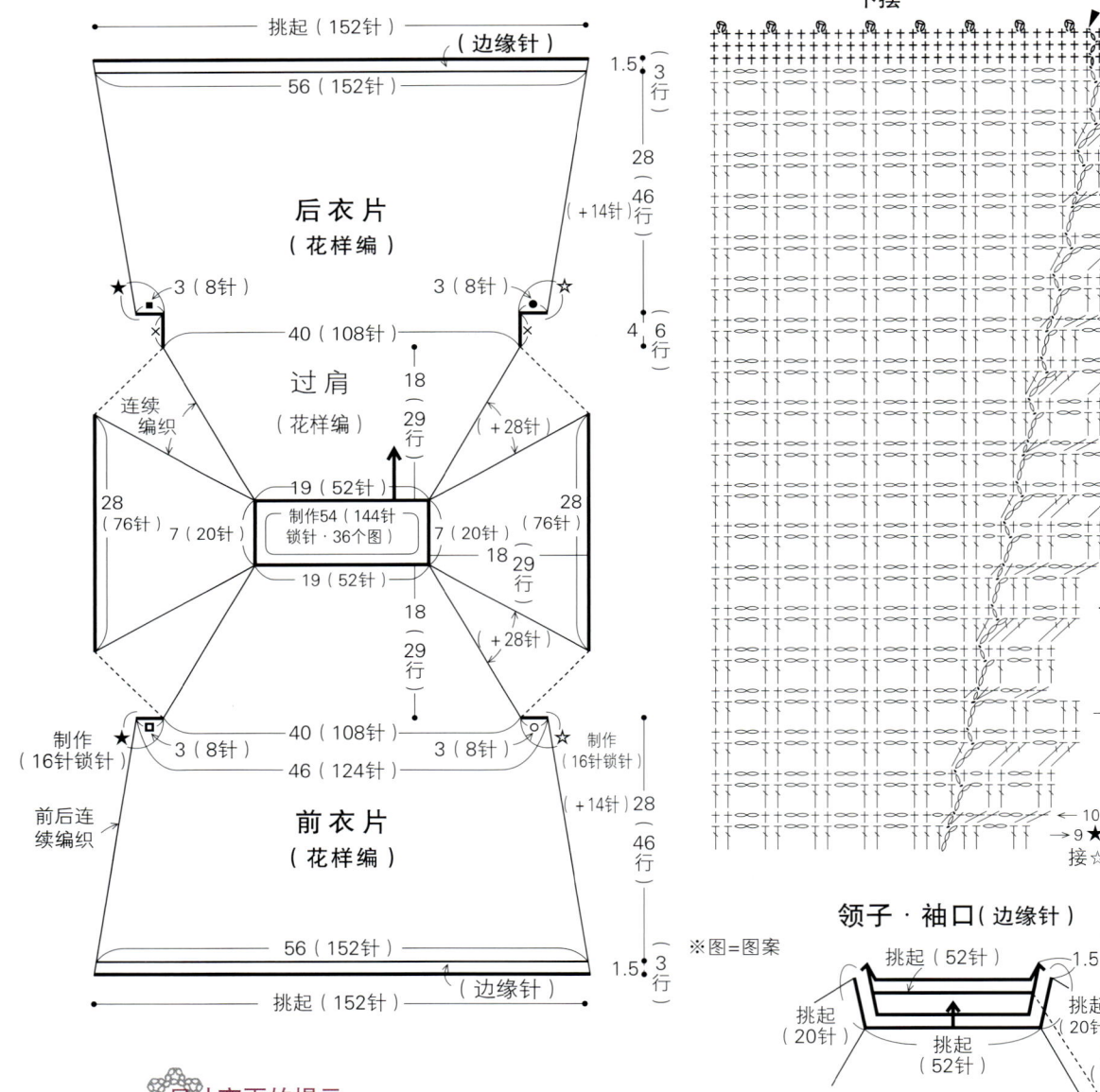

尺针变更的提示

拼叉袖山左右每个图案逐次增加花样编，则拼叉袖山的锁针为 20 针，1 个图案约为 1.5cm，胸围扩大 3cm 左右。长度按照 4 行为 2.5cm 的算法进行调整。

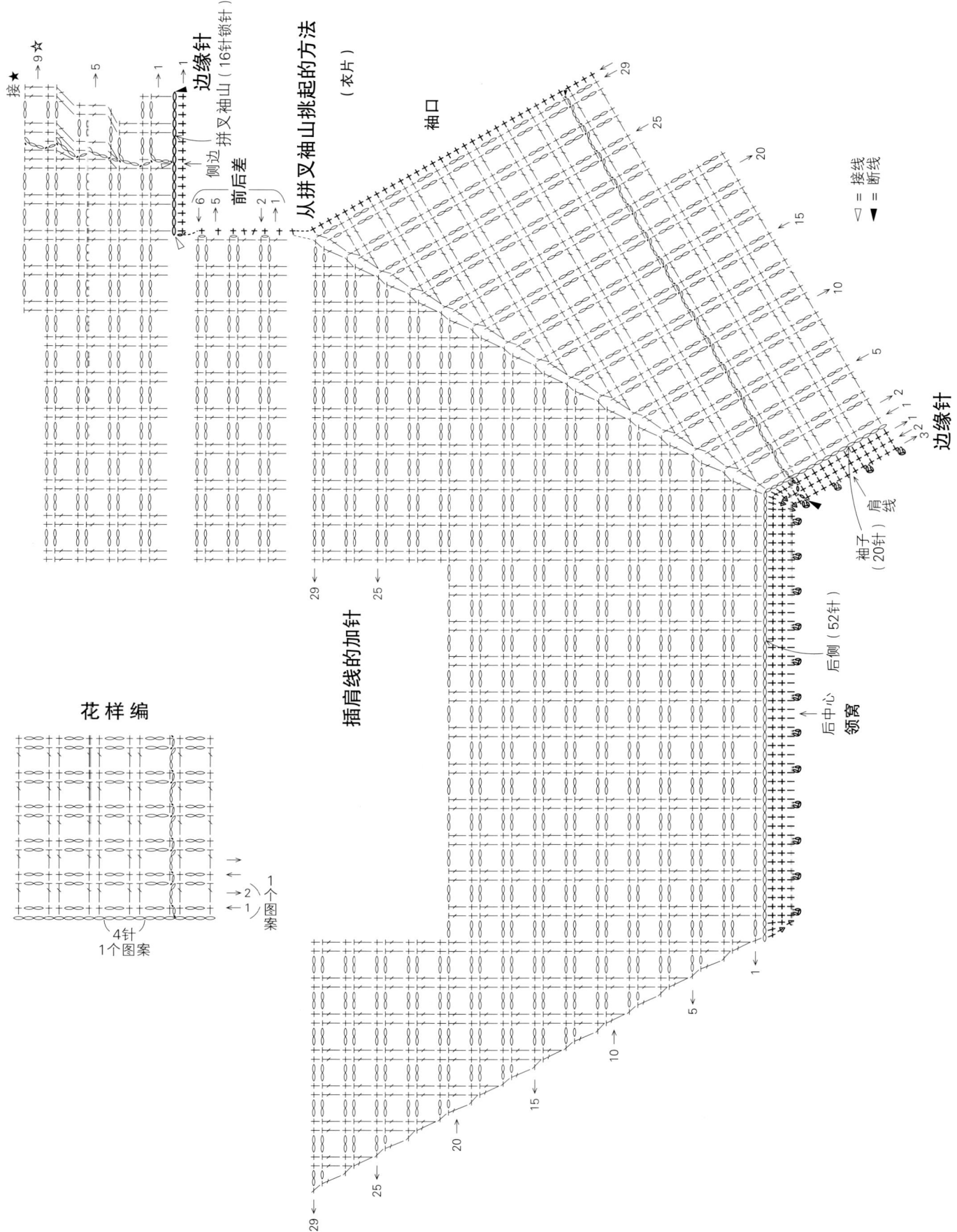

16 方孔针的插肩背心

方孔针编织而成的毛衣，带来清凉快感。
仅用长针及短针搭配而成，适合初学者。

设计◇横山纯子
线◇Hamanaka 清凉Coolier

●编织方法→54页

17 扇形图案的圆过肩背心

Top-Down Crochet

粉彩色调的清雅层次感更加映衬出菠萝图案的美。
清爽的质地，适合叠穿。

设计◇横山纯子
线◇Hamanaka Rich More 棉麻线

● 编织方法→90 页

18 松针的丝带结小披肩

●图片→60页

（需要准备的物品） 线…Hamanaka Span Glass〈gradation〉（中细型）白色×蓝绿色系（101）165g=7团 针…钩针4/0号
（成品尺寸） 领周长58cm、长度36cm
（织片密度） 花样编B：1个图案在4cm×10cm内为15行
（编织方法要点） 花样编…挑起第3行的上一行的3针锁针的长针将锁针挑起束紧。

披肩…领窝侧制作锁针的起针，并将其里侧挑起，编织花样编。8针1个图案的4个图案为1组，并重复6次如图所示加针。24行之后不需要加针。完成…用边缘针A编织领子，并同披肩的花样编对齐。左右端部用边缘针B编织前开襟。绳带在固定位置接线编织，最后编织连接装饰用的玉编。

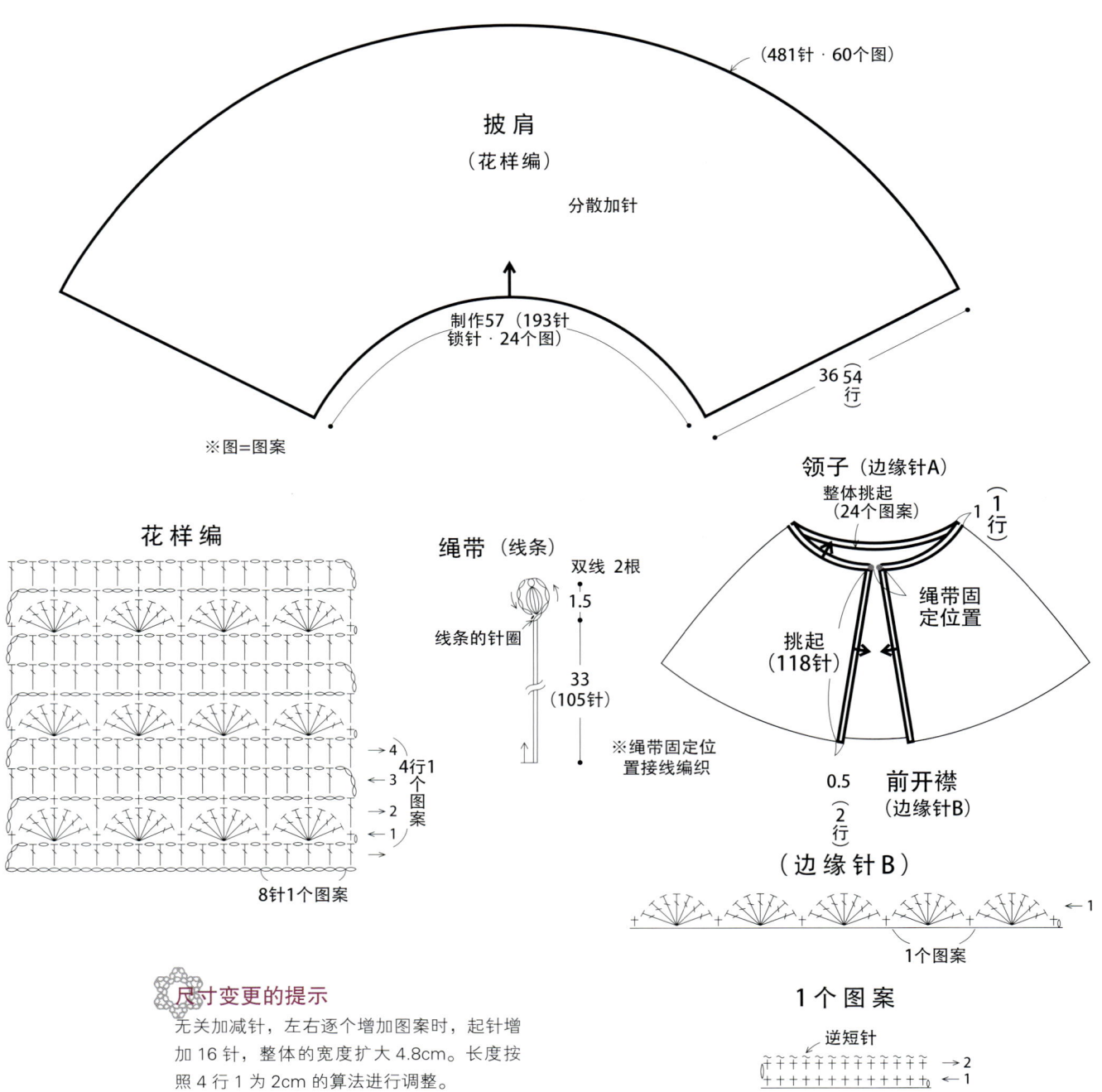

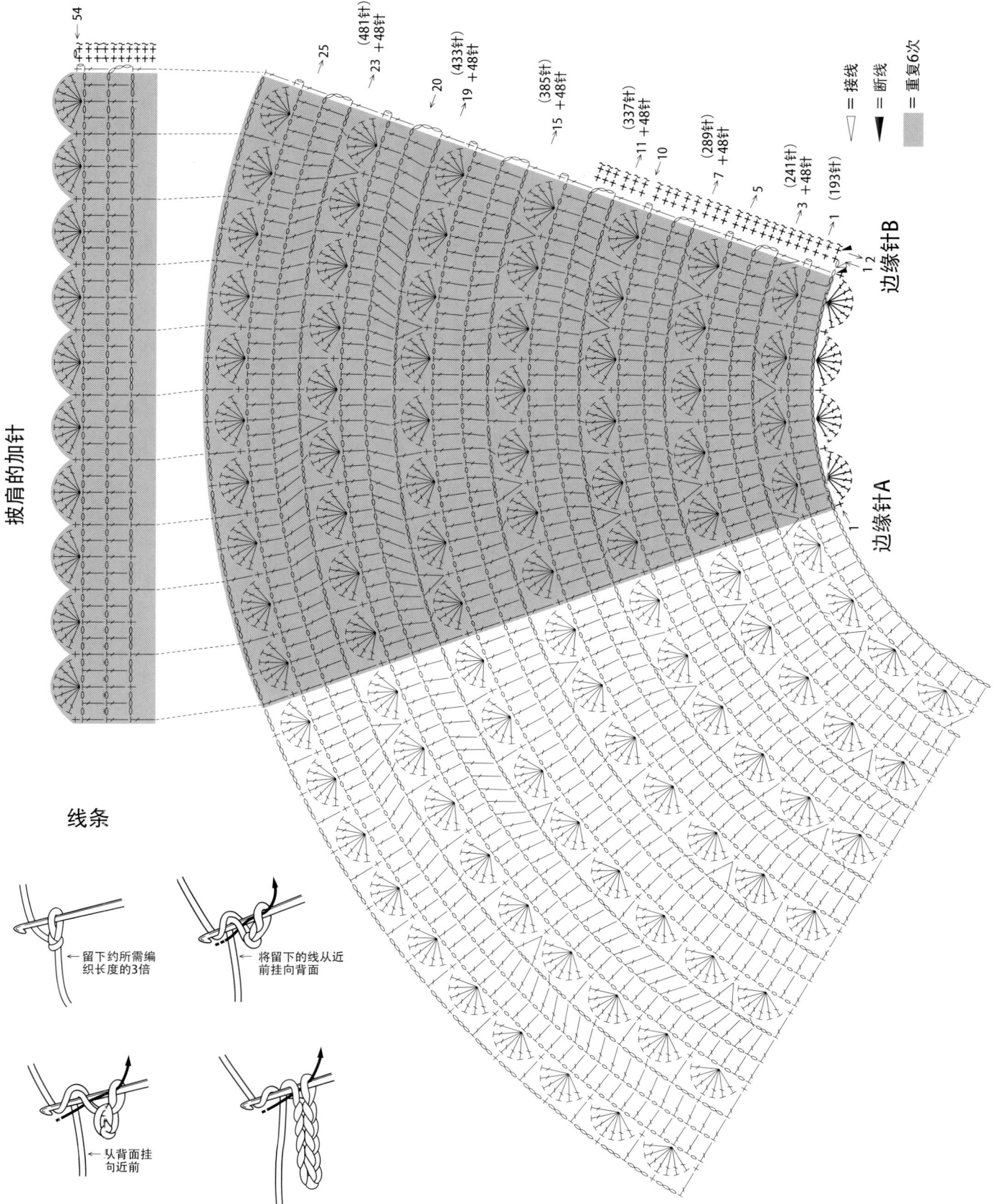

18 松针的丝带结小披肩

闪亮的装饰线条及清雅色调的层次搭配装饰出华丽感。
承托出美感，成熟气质的一款披肩。

设计◇河合真弓　制作◇高间志吕子
线◇ Hamanaka Span Glass〈gradation〉

● 编织方法→58 页

19 贝壳图案的单扣披肩

六处加针制作成圆形的贝壳图案,呈现出自然舒展的披肩。
复古的款型,穿着优雅。

设计◇林 久仁子
线◇Hamanaka FLUXC

● 编织方法→62 页

Top-Down Crochet

19 贝壳图案的单扣披肩　●图片→61页

（需要准备的物品）线…Hamanaka FLUX C（中细型）深蓝色（7）290g=12团　针…钩针3/0号　直径2cm 纽扣1个
（成品尺寸）领周长64cm、长度46cm
（织片密度）花样编B：1个图案在1.8cm（领子侧）×2.2cm（下摆侧）内为13.5行
（编织方法要点）花样编…编织第3行的短针时，将针送入2行前的空隙，并束紧。披肩…领窝侧制作锁针的起针，并挑起其里侧编织花样编。接着，如图所示，6处加针扩展面积。领子·前开襟…接线于右前下侧，并用边缘针接着编织领子·前开襟。边角如图所示编织，右侧的边角的第3行制作扣眼。

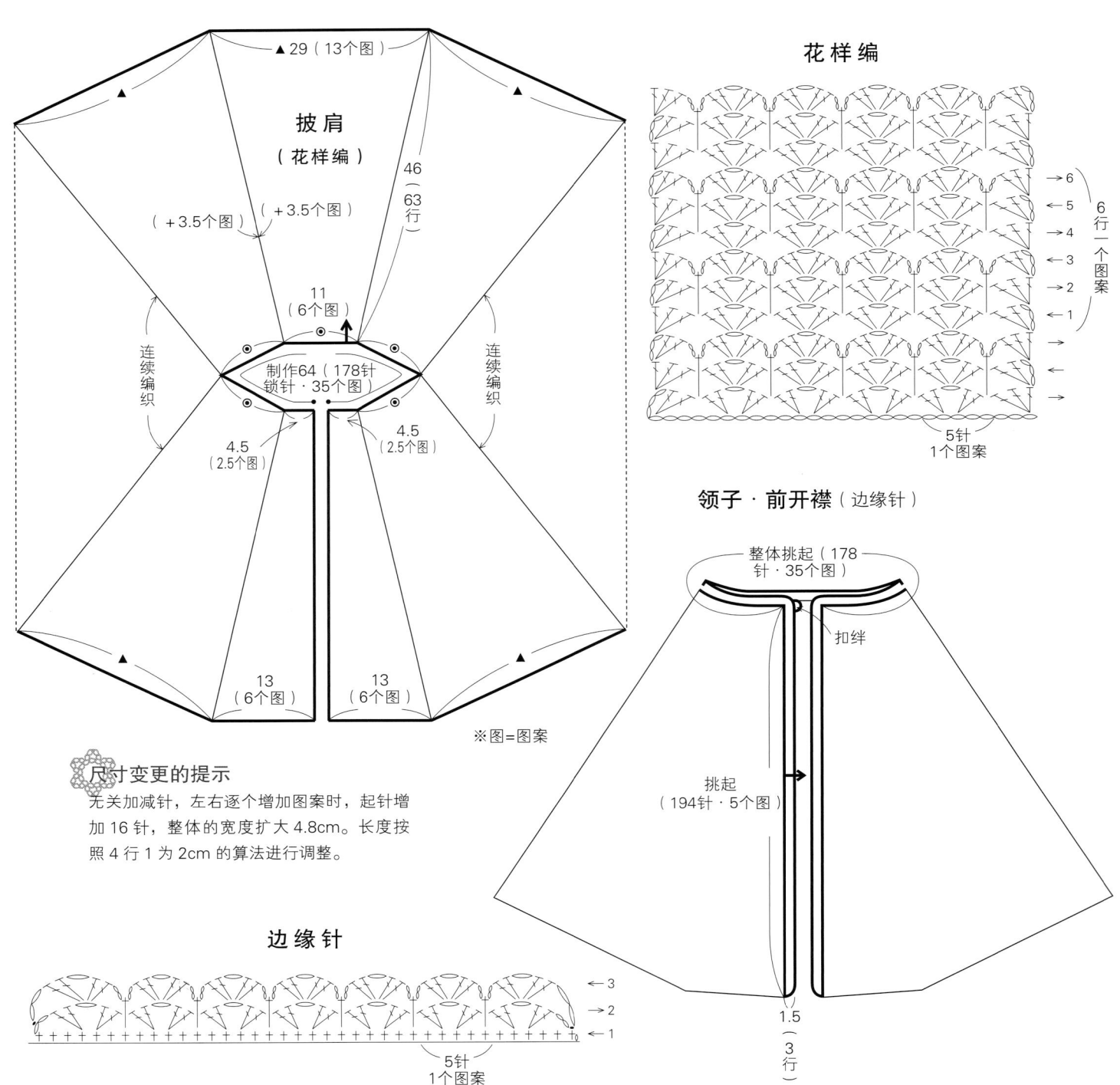

线的图片为实物大小

所用线的介绍

1. Hamanaka 清凉 Coolier
2. Hamanaka 可洗棉
3. Hamanaka 可洗棉〈钩针编织〉
4. Hamanaka TiTi Crochet
5. Hamanaka passage
6. Hamanaka Sarasa
7. Hamanaka Brillian
8. Hamanaka Claune
9. Hamanaka Span Glass〈gradation〉
10. Hamanaka FLUX C〈金丝〉
11. Hamanaka FLUX C
12. Hamanaka Paume Crochet〈草木染〉
13. Rich More 棉麻线
14. Rich More 丝线〈纤细〉
15. Rich More 天之水
16. Rich More 长绒棉
17. Rich More 长绒棉〈带状〉

	品质	色数	规格 线长	线的款型	所用针的号数	标准平针织片密度 标准长针织片密度
1	纺绸 69% 棉 31%	12 色	30g 约 90m	中粗	棒针 5~6 号 钩针 5/0 号	棒针 24~25 针 31~32 行 钩针 24 针・11.5 行
2	棉 64% 涤纶 36%	23 色	40g 约 102m	中粗	棒针 5~6 号 钩针 4/0 号	棒针 22~23 针 28~29 行 钩针 24 针・11 行
3	棉 64% 涤纶 36%	24 色	25g 约 104m	中细	钩针 3/0 号	28 针・12 行
4	棉 100% ※使用埃及棉（GIZA）	25 色	40g 约 170m	中细	钩针 2/0~3/0 号	29 针・12 行
5	面 76% 涤纶 24%	8 色	25g 约 150m	中细	钩针 3/0 号	29 针・13 行
6	人造纤维 63% 麻（亚麻）28% 尼龙 9%	8 色	25g 约 117m	中细	钩针 3/0 号	29 针・11.5 行
7	棉（超长棉）57% 尼龙 43%	19 色	40g 约 140m	中粗	棒针 5~6 号 钩针 4/0~5/0 号	棒针 26~27 针 32~33 行 钩针 24~26 针 10.5~11 行
8	腈纶 45% 人造纤维 32% 麻（亚麻・苎麻）14% 尼龙 9%	8 色	25g 约 100m	中粗	棒针 5~6 号 钩针 4/0 号	棒针 24~25 针 30~31 行 钩针 26 针・12 行
9	涤纶 77% 棉 23%	8 色	25g 约 137m	中细	钩针 3/0 号	27 针・12 行
10	麻（亚麻）82% 棉 18% ※使用微缝线	6 色	25g 约 100m	中细	钩针 3/0 号	28 针・11 行
11	麻（亚麻）82% 棉 18%	12 色	25g 约 104m	中细	钩针 3/0 号	钩针 28 针・11 行
12	棉 100% （有机棉）	6 色	25g 约 107m	中细	棒针 3 号 钩针 3/0 号	棒针 28~29 针 34~35 行 钩针 25 针・10 行
13	麻（亚麻）50% 棉 50%	9 色	25g 约 75m	中细	棒针 4~6 号 钩针 4/0~6/0 号	棒针 21 针・31 行 钩针 22 针・9 行
14	丝 52% 棉 48%	12 色	25g 约 90m	中细	棒针 4~5 号 钩针 4/0~5/0 号	棒针 23 针・30 行 钩针 23 针・10 行
15	麻 48% 人造纤维 32% 丝 20%	14 色	25g 约 150m	极细	钩针 2/0~3/0 号	28 针・12.5 行
16	丝 100%	18 色	40g 约 135m	中细	棒针 4~6 号 钩针 4/0~6/0 号	棒针 26・32 行 钩针 24 针・12 行
17	棉 100%	16 色	30g 约 125m	中细	棒针 4~6 号 钩针 4/0~6/0 号	棒针 26・38 行 钩针 24 针・12 行

简单的尺寸调整方法

织物尺寸的调整方法有多种。其中，通过改变编针及所用线的长度将尺寸改大（或改小）是最简单的方法。
领子开始的钩编衣片通过拼叉袖山进行尺寸的调整。长度通过下摆部分的加减针进行调整，编织的同时即可进行调整。
此外，即使织物使用过一段时间，还是可以轻松调整尺寸大小。

改变编针的粗细
如果编针改变1号（大或小），织片的大小相应产生5%的变化。如果使用粗（细）2号的编针，织片的大小相应产生10%的变化。而且，考虑织片的完成效果，编针调整的范围必须控制在2号大小以内。

改变线的粗细
通过改变（大或小）书中作品要求的编织线，织片会产生相应改变。此时，必须确认所用线的织片密度，同书中要求线的织片密度进行对比，确认所需尺寸后开始编织。

圆过肩
衣宽…通过拼叉袖山的起针调整，实现所需的胸围尺寸。但是，这种情况下通过1个图案的大小进行加减针。袖宽对应衣宽，自然调整。

衣长・袖长…编织成所需的长度。

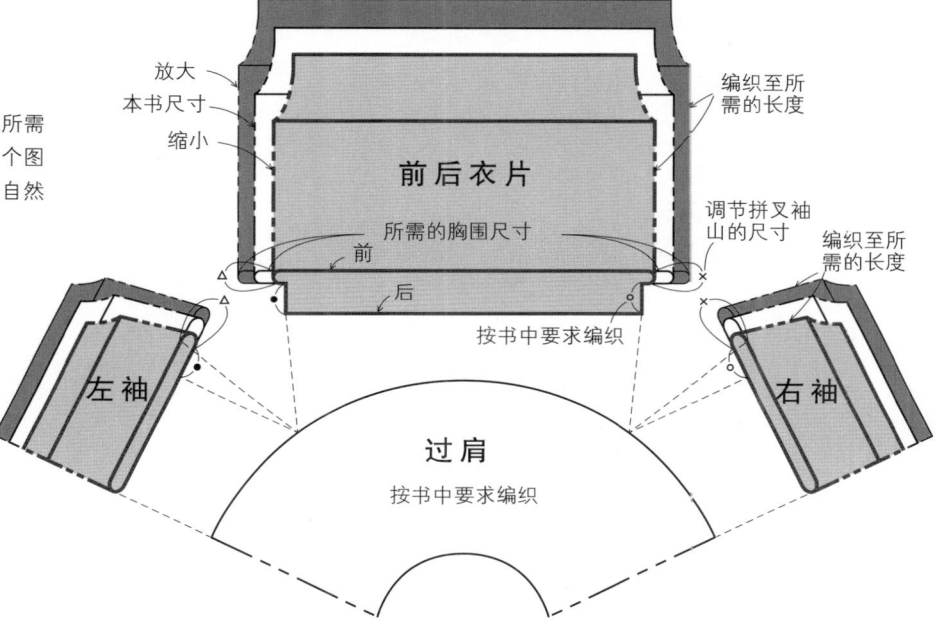

插肩
衣宽…如右图所示，如果是长针等简单的织片，则通过调整过肩的长度，编织至所需的胸围尺寸。
除此以外的花样编则同圆过肩一致，通过拼叉袖山的宽度进行调整。

衣长・袖长…编织成所需的长度。

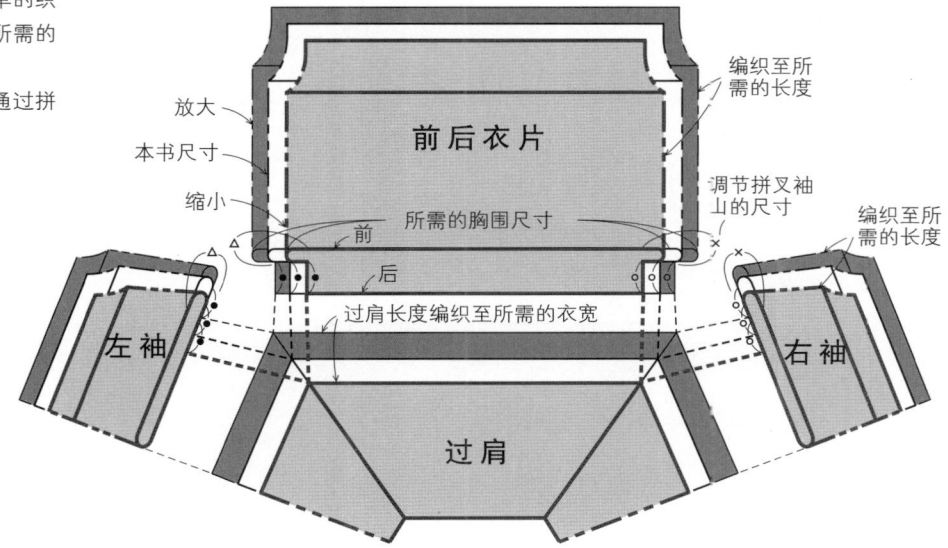

02 菠萝图案的圆过肩毛衣　●图片→6页

（需要准备的物品）线…Hamanaka TiTi Crochet(中细型)褐色(18) 250g=7团　针…钩针2/0号

（成品尺寸）胸围92cm、衣长47.5cm、袖长30cm

（织片密度）花样编B(衣片)：10cm见方内为33针×13行

（编织方法要点）花样编…通过改变送针的针数，使花样编A的菠萝图案放大。花样编A・B均逐行改变编织方向，并编织成环状。过肩…领窝侧进行锁针的起针制作成环状，并挑起锁针的半针和里侧的2根线圈，用花样编A开始编织。衣片…将过肩分为衣片及袖子的4个部分，接线于后衣片侧，并用来回针编织4行前后差。再将拼叉袖山的20针锁针拼接至左右，从过肩及拼叉袖山开始挑起，前后衣片编织成环状。接着，用边缘针编织下摆。袖口…接线于拼叉袖山的端部，从过肩、拼叉袖山及前后差挑起针圈，编织边缘针。领子…从起针侧开始挑起针圈，用边缘针进行编织。

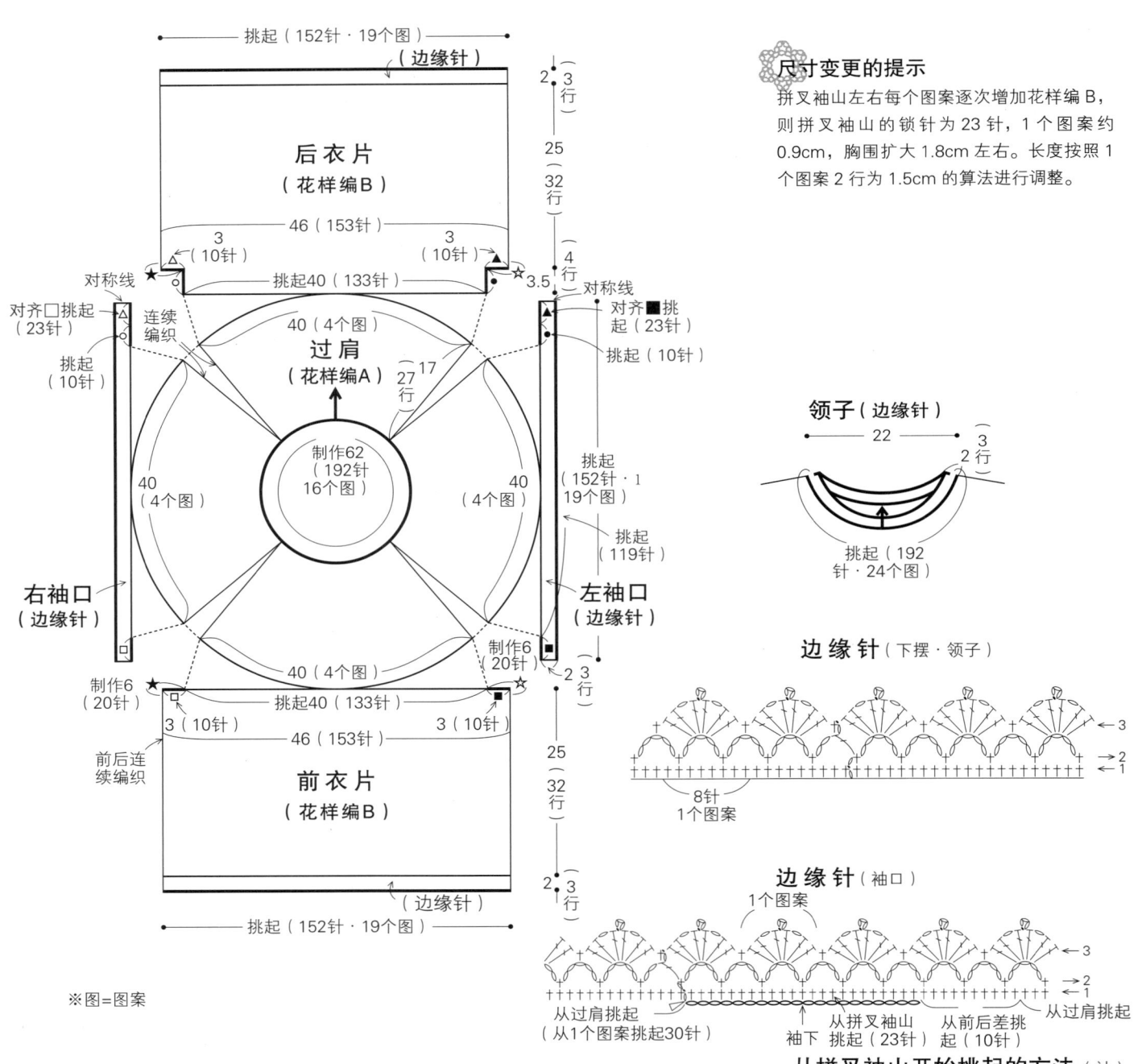

※图=图案

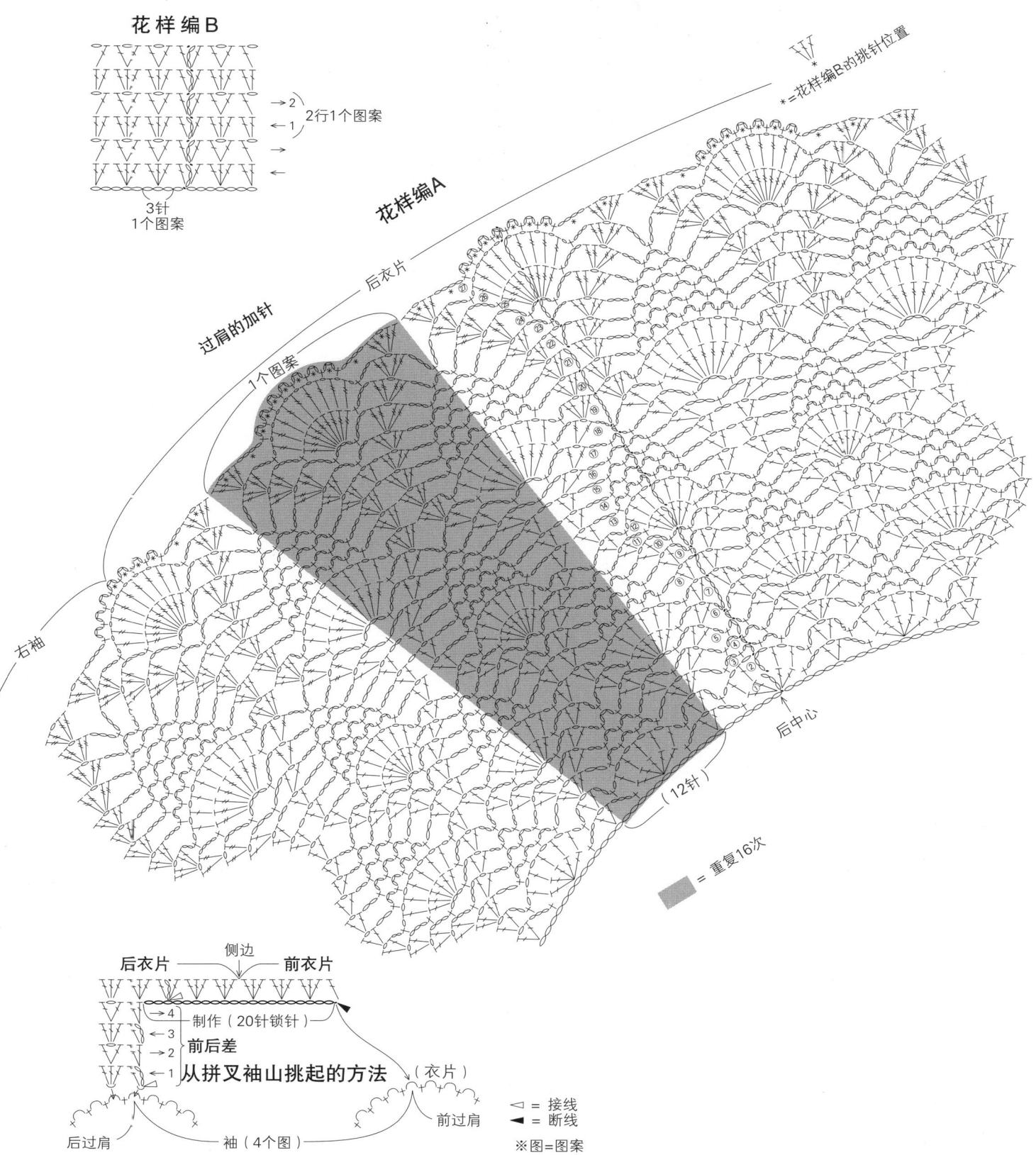

03 织片图案的圆过肩开衫　●图片→8页

（需要准备的物品）　线…Hamanaka　FLUX C〈金丝〉（中细型）浅蓝色（606）350g=14 团　针…钩针 3/0 号　长度 1.5cm 纽扣 7 个
（成品尺寸）胸围 93.5cm、衣长 55.5cm、袖长 69.5cm
（织片密度）花样编 B（衣片）：10cm 见方内为 7.5 个图案 ×13 行
（编织方法要点）花样编…将第 2・3 行的短针及第 4 行的锁针上方的 3 针长针挑入束内。过肩…领窝侧进行锁针的起针制作成环状，并挑起锁针的半针和里侧的 2 根线圈开始编织，如图所示，用花样编边加针边编织。衣片…将过肩分为衣片及袖子的 5 个部分，接线于后衣片侧，并编织 4 行前后差。再将拼叉袖山的 20 针锁针拼接至左右，从过肩及拼叉袖山开始挑起，编织前后衣片。下摆的边缘针不编织断线。袖子…从过肩、拼叉袖山及前后差挑起针圈，编织成环状。最后，编织边缘针。完成…接着领子・前开襟・下摆继续编织边缘针。边角侧参照图示编织，右侧制作扣眼。

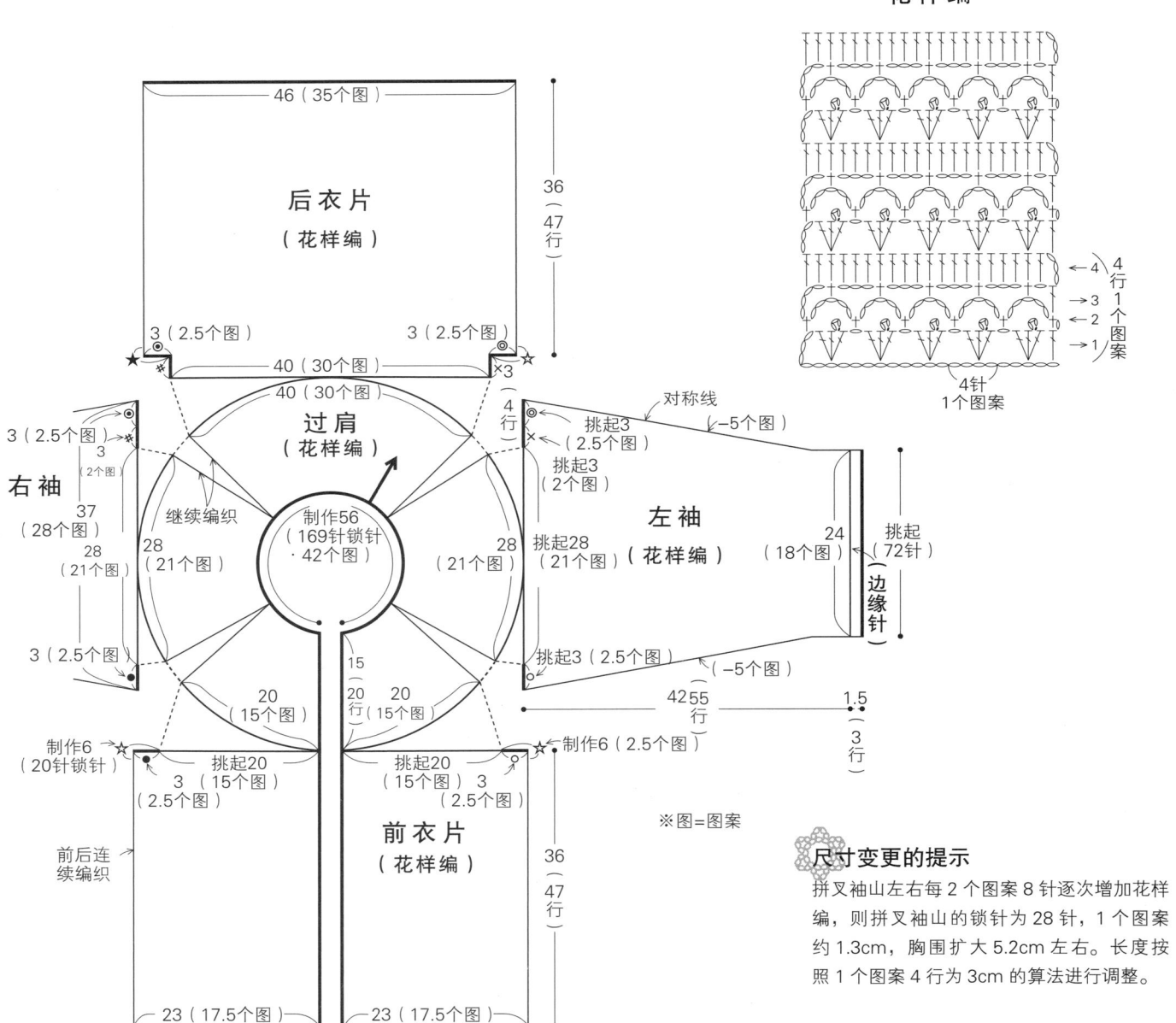

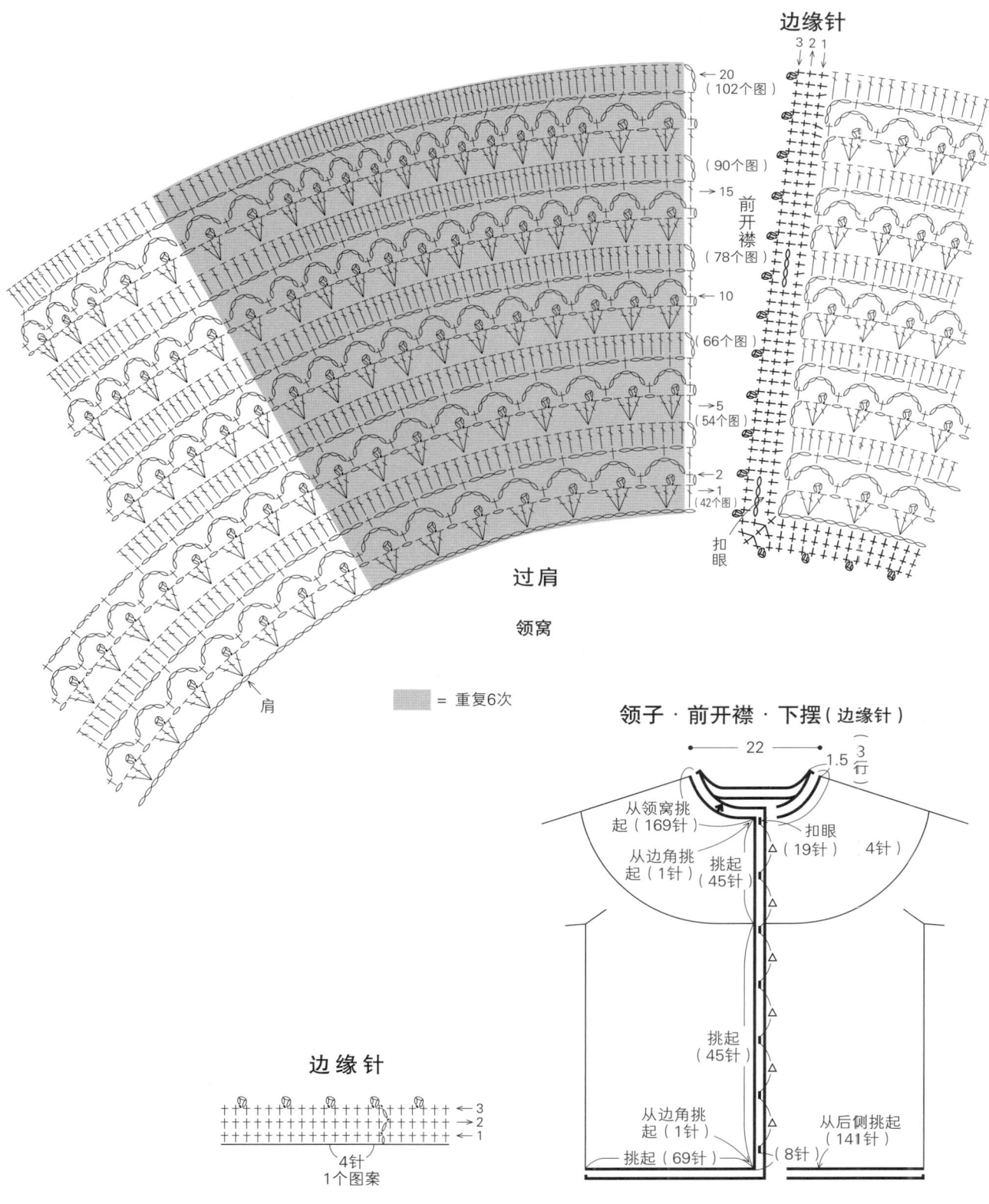

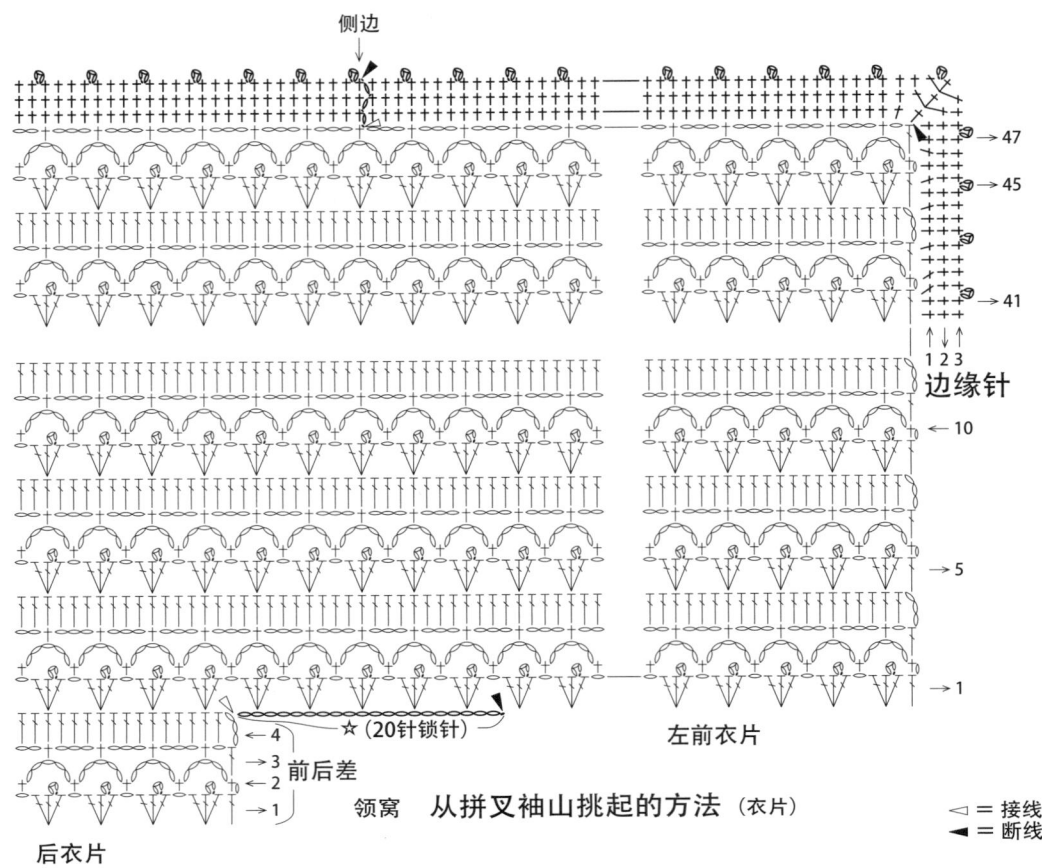

领窝　从拼叉袖山挑起的方法（衣片）

后衣片

左前衣片

☆（20针锁针）

前后差

侧边

边缘针

◁ = 接线
◀ = 断线

---

04 镶边菠萝图案的插肩毛衣

 变化长针1针交叉（左上）　作品中为长针之间送入1针锁针

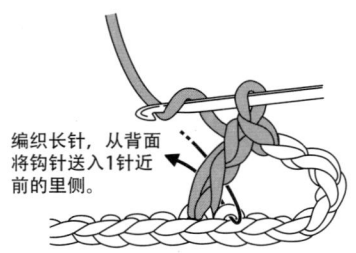

编织长针，从背面将钩针送入1针近前的里侧。

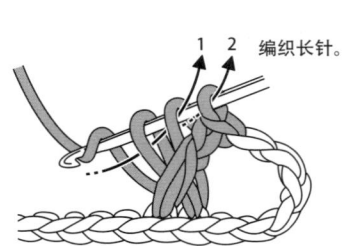

编织长针。

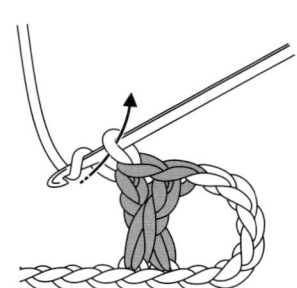

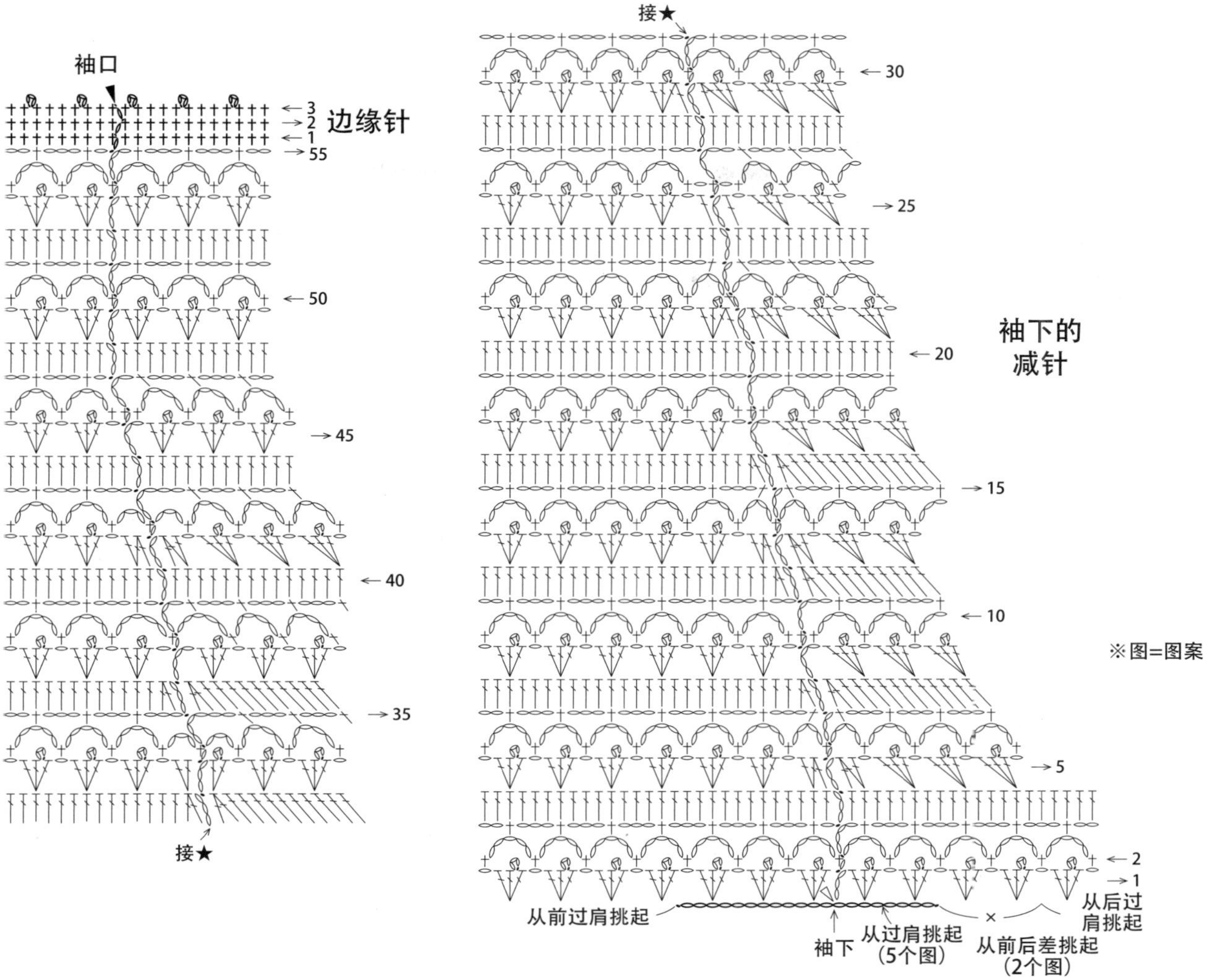

袖口　　　　　←3　边缘针
　　　　　←2
　　　　　←1
　　　　　←55

　　　←50

　　　→45

　　　→40

　　　→35

接★

接★　　　　　←30

　　　←25

　　　←20　袖下的减针

　　　→15

　　　→10

　　　→5

　　　←2
　　　→1

从前过肩挑起　　袖下　从过肩挑起（5个图）　×　从前后差挑起（2个图）　从后过肩挑起

※图=图案

从拼叉袖山挑起的方法（左袖）

从拼叉袖山挑起的方法

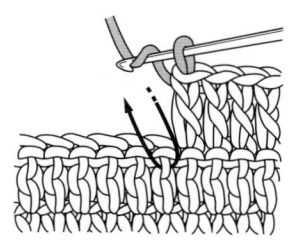

如箭头所示，将针送入上一行针圈的底部。

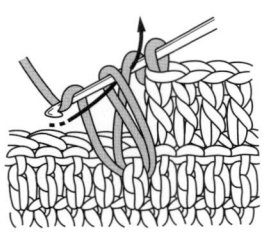

挂线于针，延长引出，并编织长针。

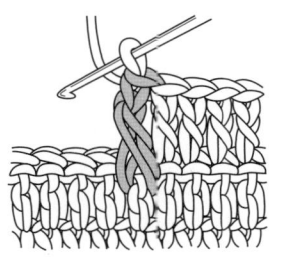

完成。上一行针圈的头部从出现于背面。

04 镶边菠萝图案的插肩毛衣　●图片→18页

（需要准备的物品）线…Rich More 长绒棉（带状）（中细型）暗橙色（123）370g=13团　针…钩针3/0号
（成品尺寸）胸围98cm、衣长57cm、袖长53.5cm
（织片密度）花样编A·A'：10cm见方内为28.5针×12行；花样编B：10cm见方内为33针×12行
（编织方法要点）花样编…花样编B布置于前衣片及袖子的中央，后衣片的中央制作成添加了花样编A的长针数量的花样编A'。过肩…领窝侧进行锁针的起针制作成环状，并挑起锁针的半针和里侧的2根线圈，布置编织花样编A·A'·B。逐行改变方向编织成环状，4处插肩线侧进行加针。衣片…接线于后衣片，编织4行前后差。再将拼叉袖山的18针锁针拼接至左右，从拼叉袖山开始挑起，编织前后衣片。侧边如图所示进行加针，并继续编织花样编A。袖子…接线于拼叉袖山的中细，编织袖子。袖下的第1行也要进行减针。领子…看向正面编织边缘针B。第3行挑起上一行的背面1根线圈，制作成麻花针。

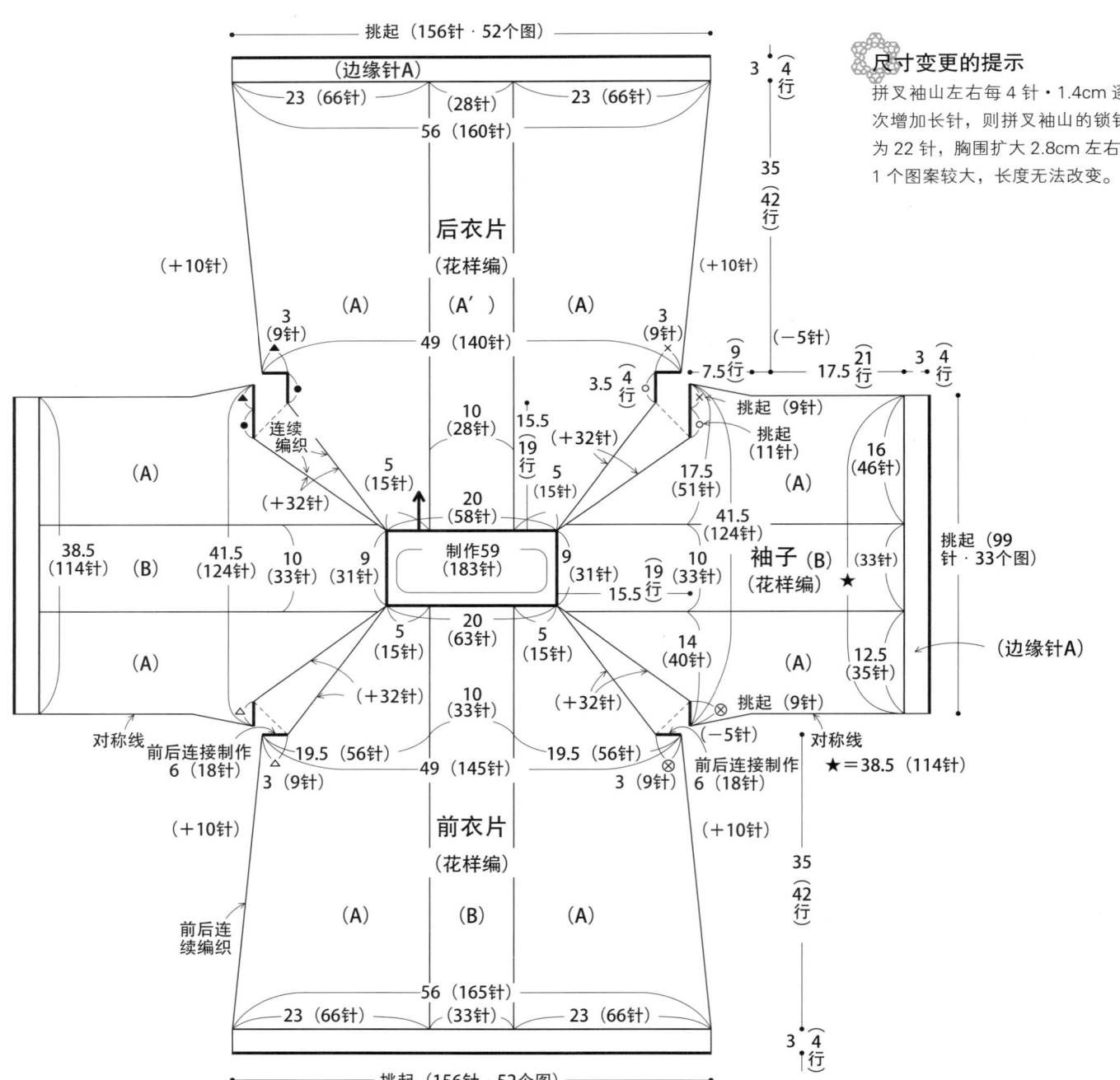

尺寸变更的提示

拼叉袖山左右每4针·1.4cm逐次增加长针，则拼叉袖山的锁针为22针，胸围扩大2.8cm左右。1个图案较大，长度无法改变。

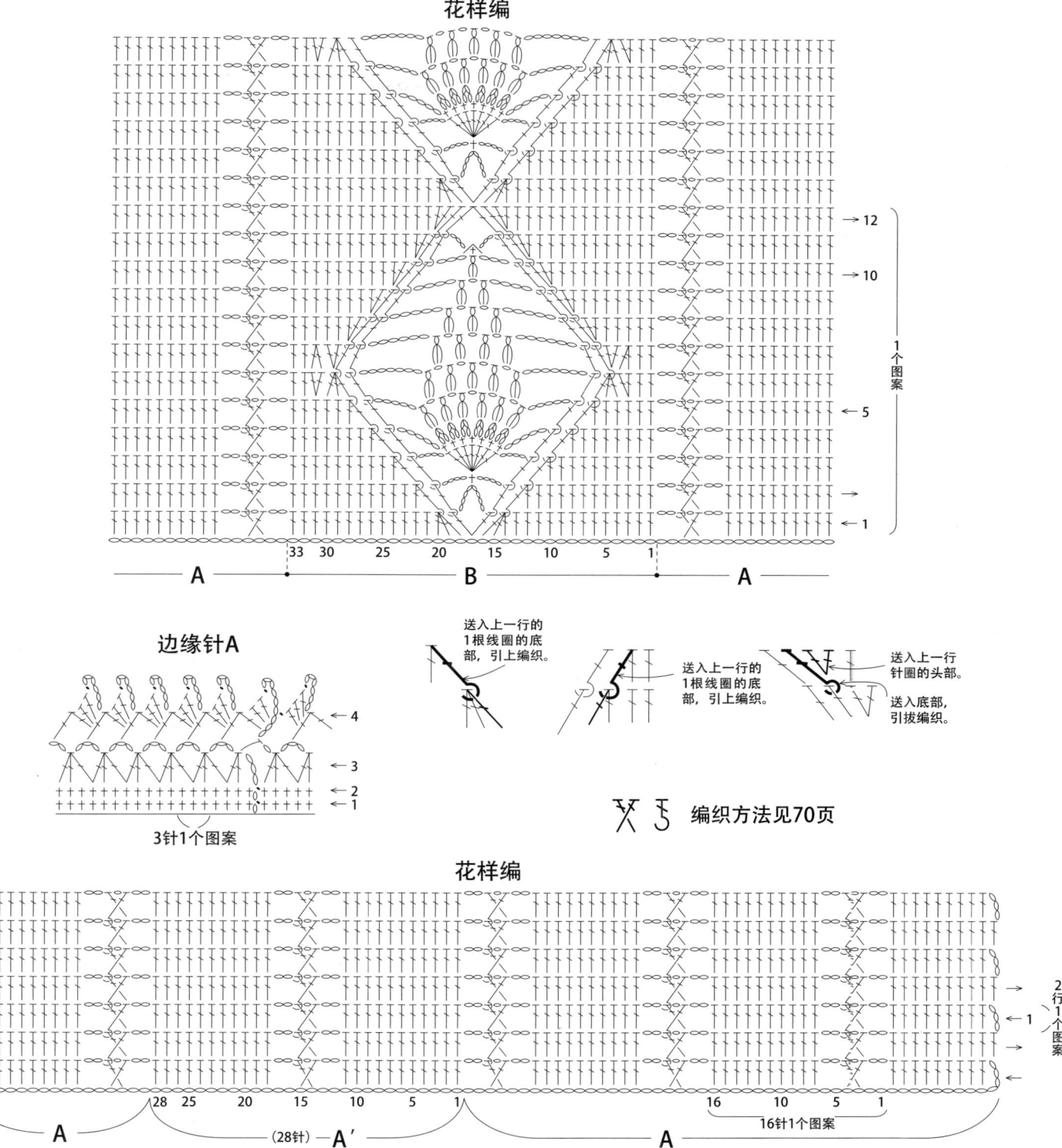

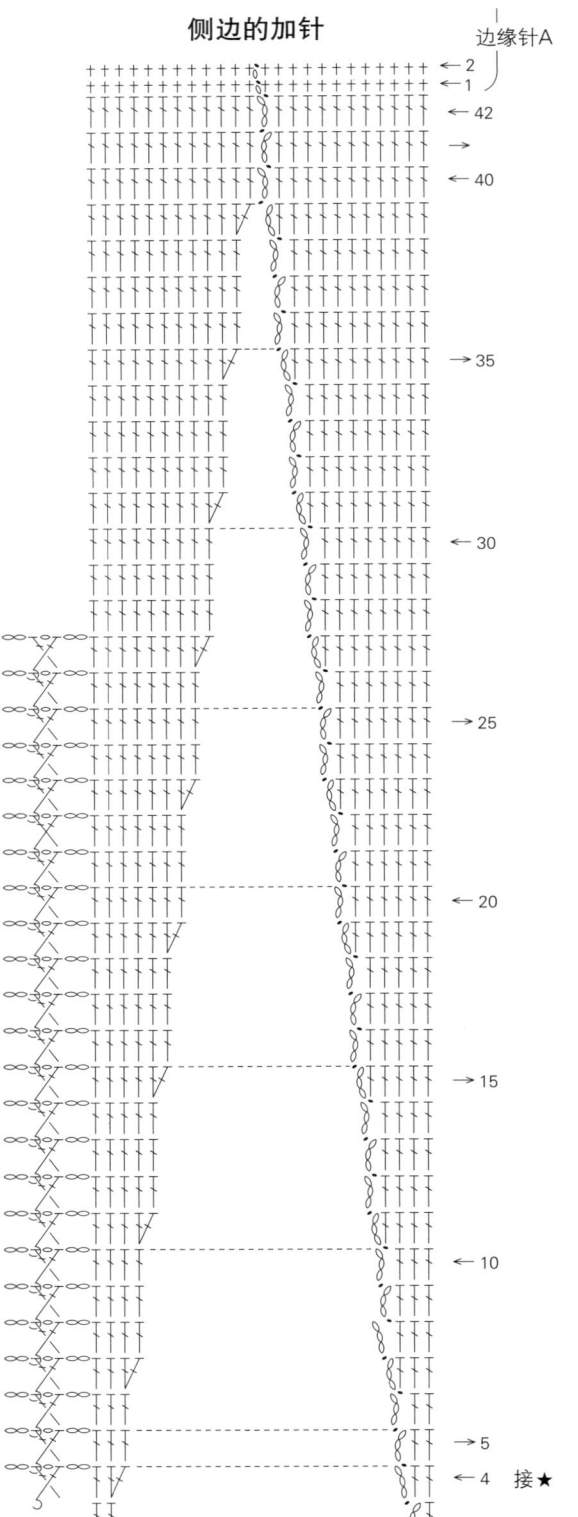

侧边的加针

边缘针A

变化中长针3针的玉编

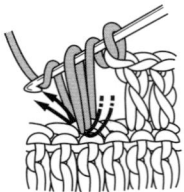
挂线于针，1针开始编织3针未完成的中长针。

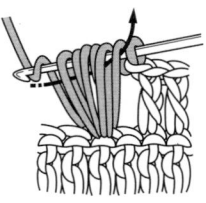
挂线于针，将针上的6个线圈一并引拔。

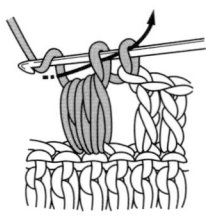
挂线于针，引拔剩余的线圈。

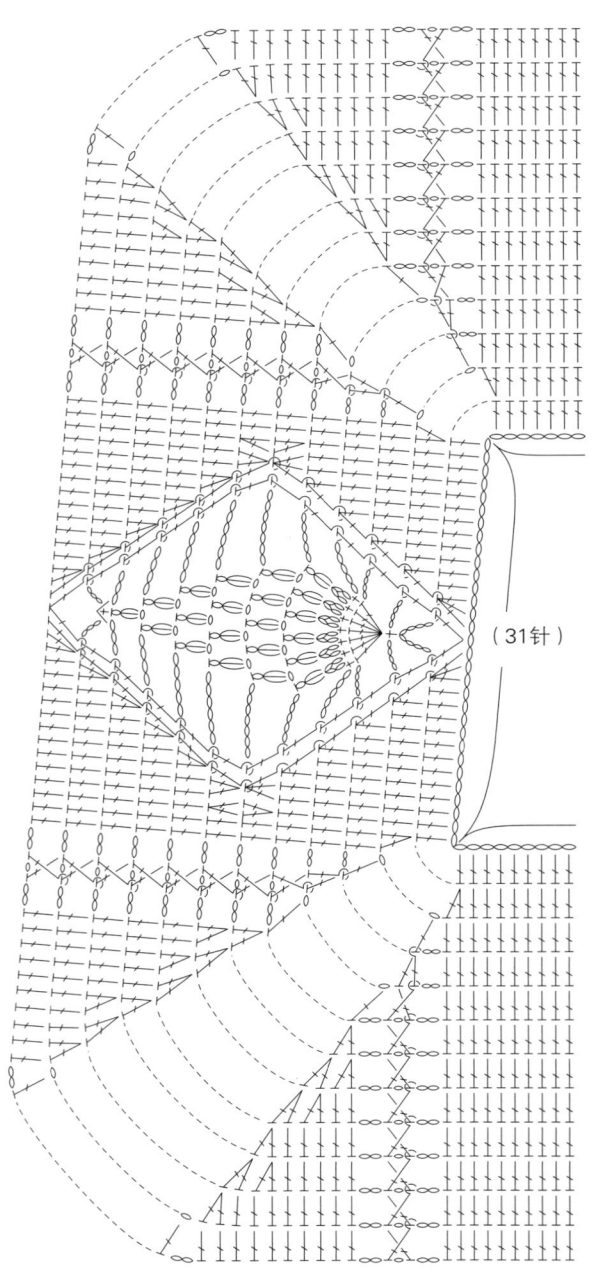

（31针）

接★

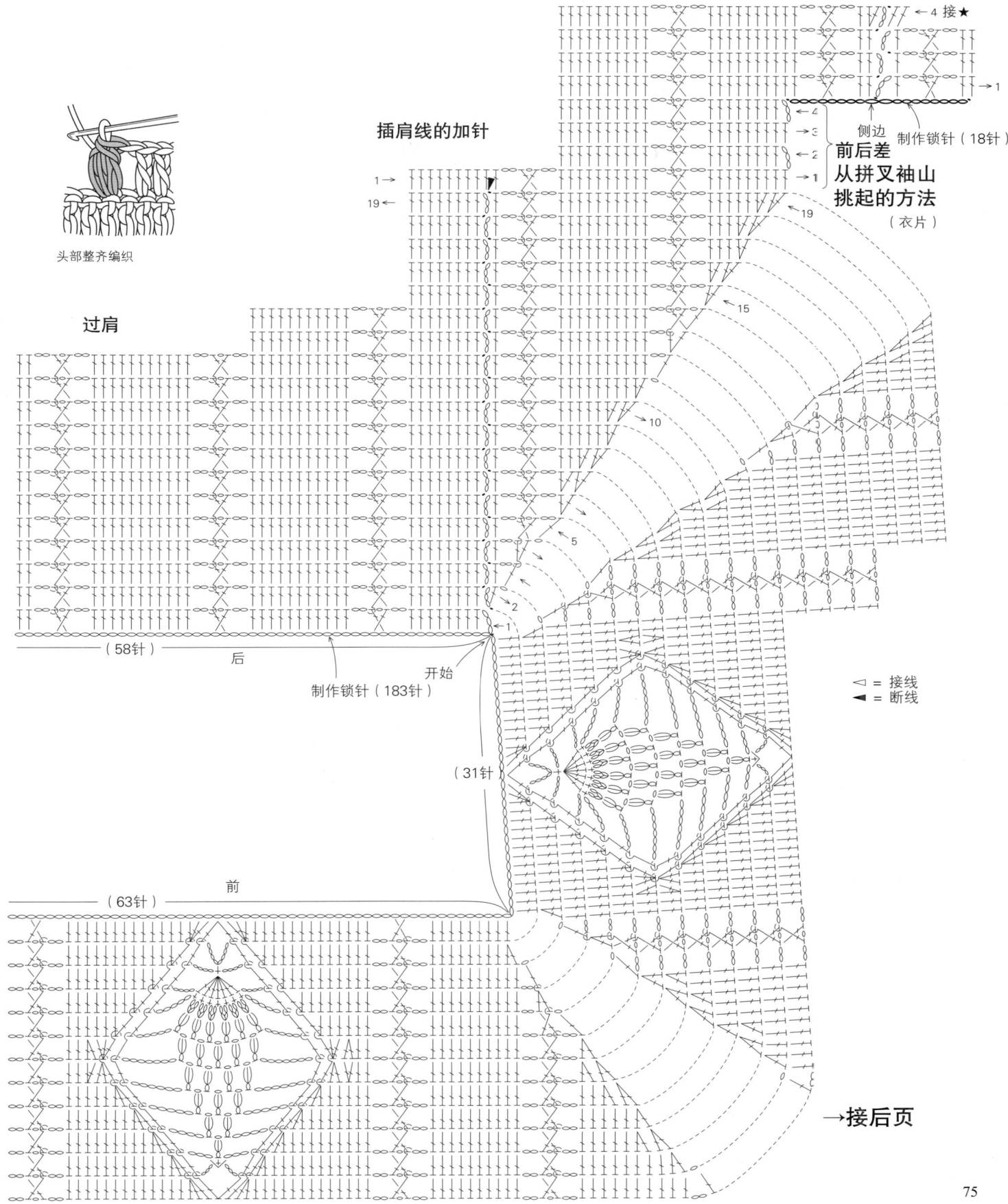

左袖下的减针

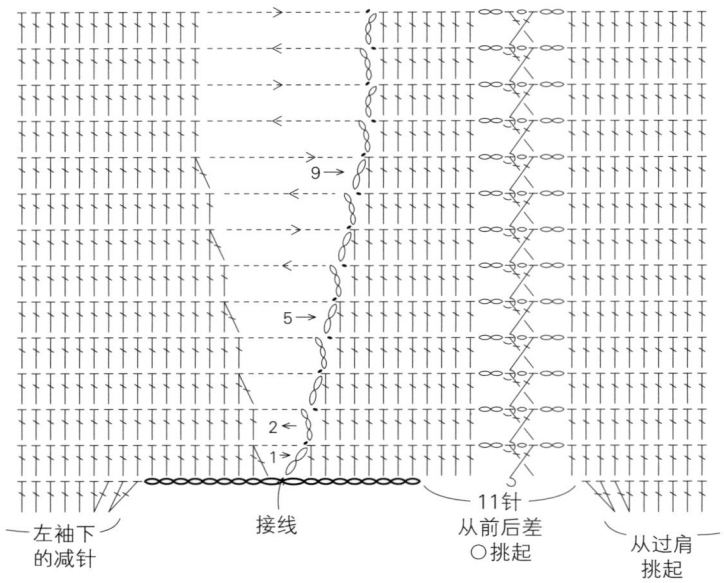

从过肩挑起的方法（袖子）

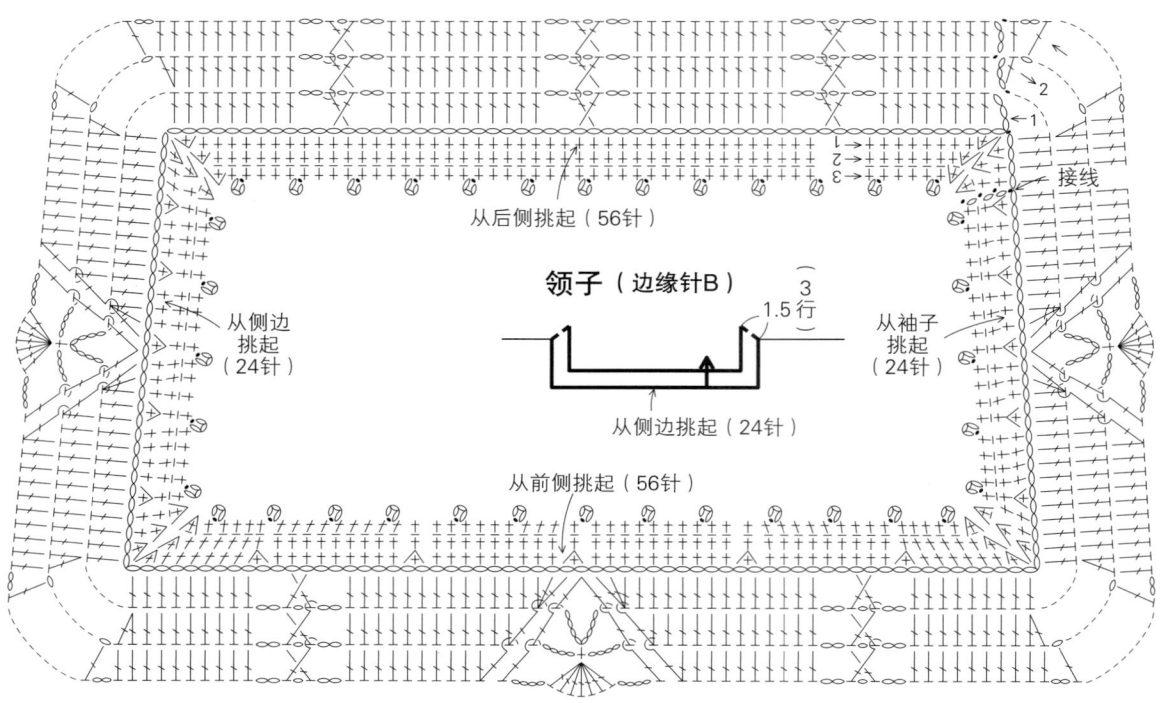

领子（边缘针B）

15 阿伦图案的插肩毛衣

●图片→52 页

（需要准备的物品）线…Hamanaka Brillian（中粗型）卡其绿色（16）320g=8 团 针…钩针 5/0 号・3/0 号
（成品尺寸）胸围 90cm、衣长 54.5cm、袖长 57cm
（织片密度）花样编 A：10cm 见方内为 24 针 ×15 行；花样编 B：10cm 见方庆为 27 针 ×15 行；花样编 C：10cm 见方内为 24 针 ×15 行
（编织方法要点）花样编…花样编 A 多用引上针，所以延长制作长针及长长针的引上针的根部。过肩…领窝侧进行锁针的起针制作成环状，并挑起锁针的半针及里侧的 2 个线圈，布置编织花样编 A・B・C。逐行改变方向编织成环状，4 处的插肩袖进行加针。衣片…将过肩分为衣片及袖子的 4 个部分，接着过肩编织 4 行前后差。再将拼叉袖山的 12 针锁针拼接至左右，从拼叉袖山开始挑起，将前后衣片编织成环状。接着，在下摆侧编织边缘针。袖子…接线于侧边的中央位置，编织袖子。并在袖下进行减针。领子…用边缘针编织领子。边角侧如图所示制作。

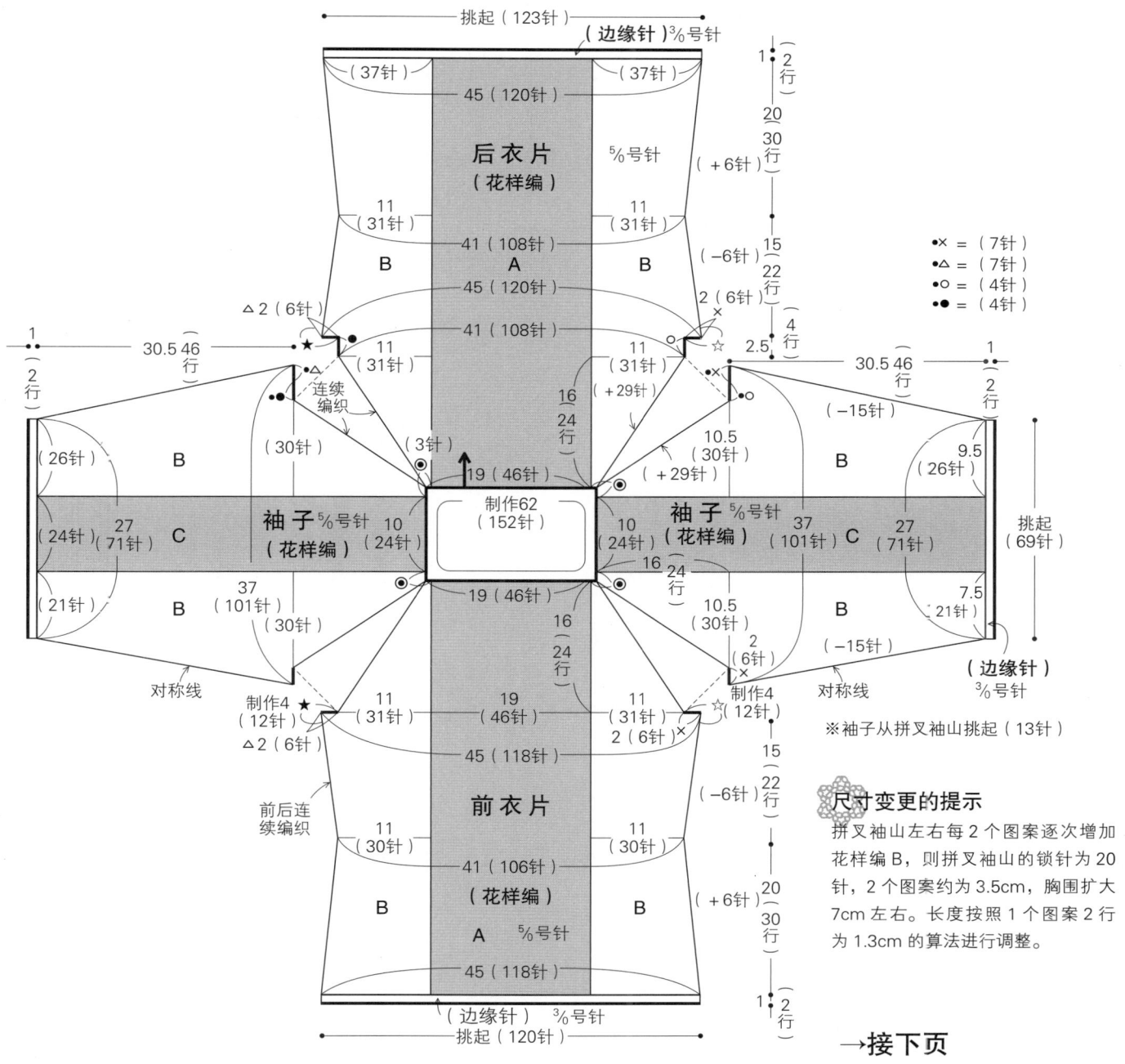

→接下页

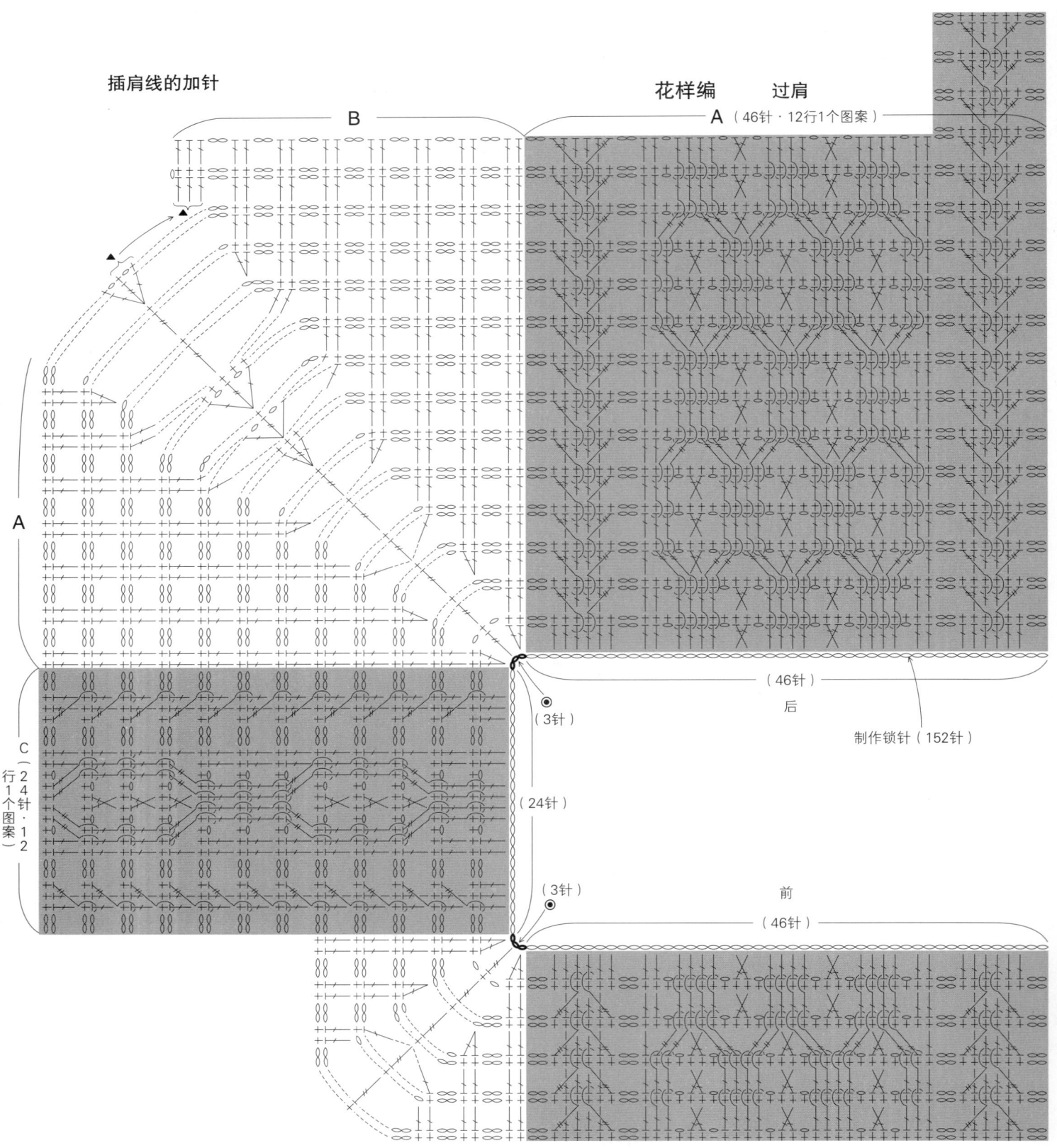

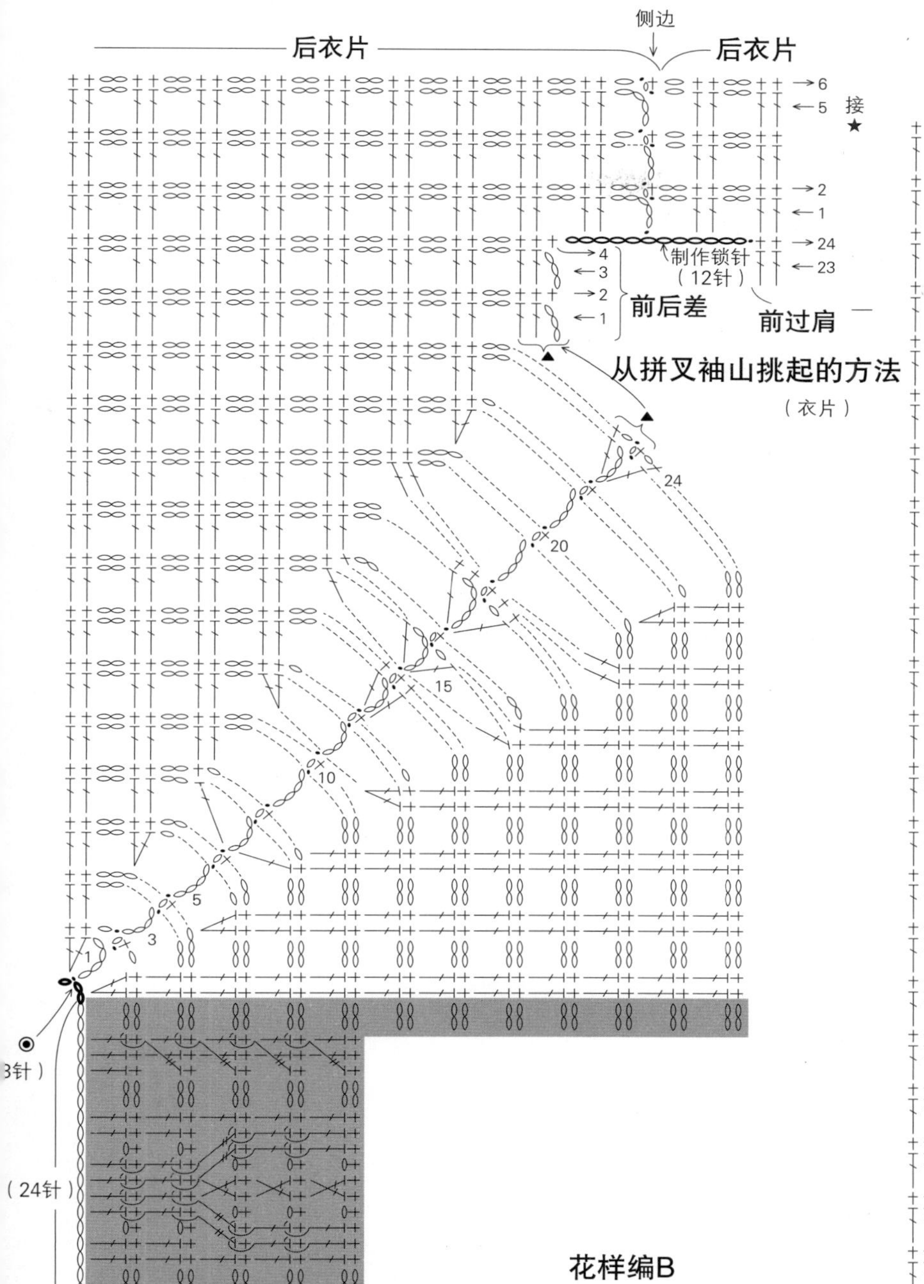
侧边
后衣片
后衣片
接★
制作锁针（12针）
前后差
前过肩
从拼叉袖山挑起的方法
（衣片）
3针）
（24针）
3针）

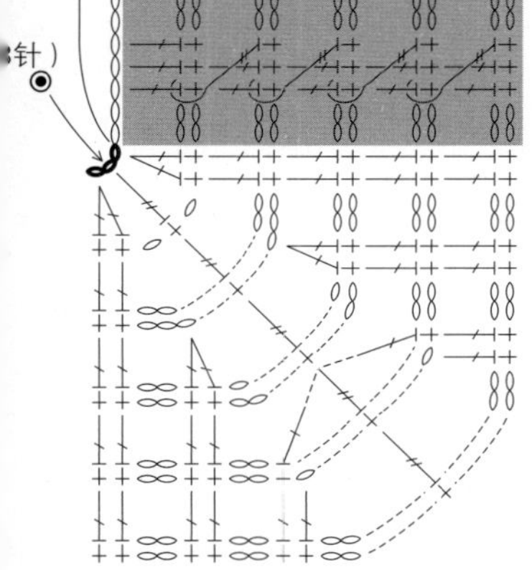

侧边的加减针

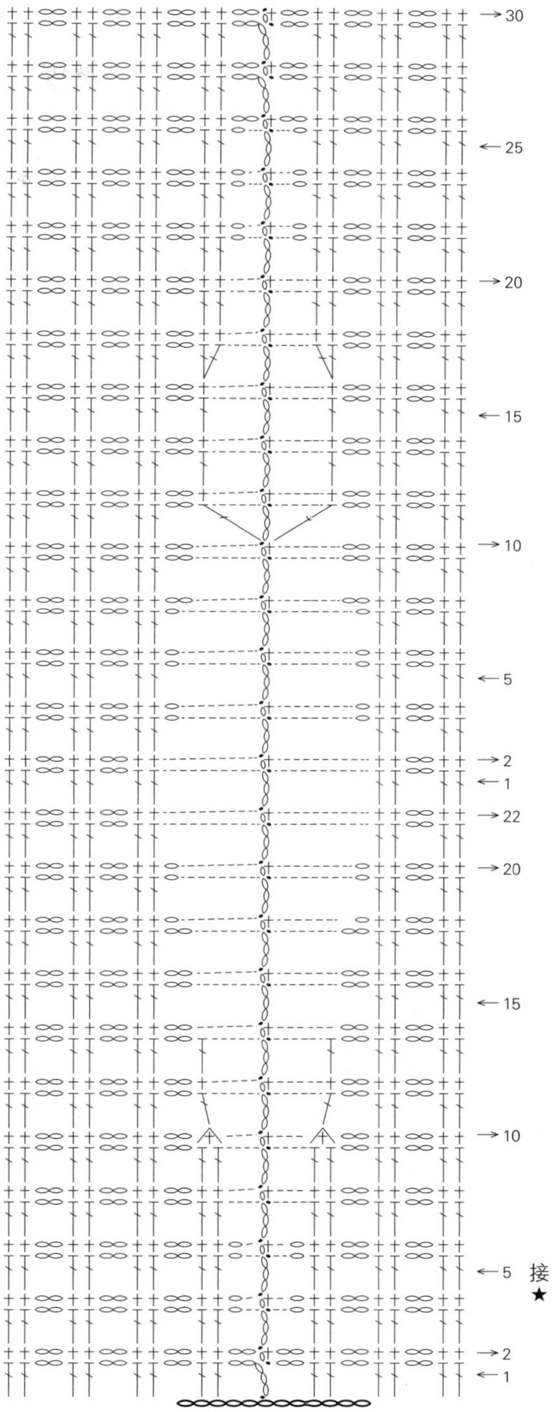
接★

花样编B

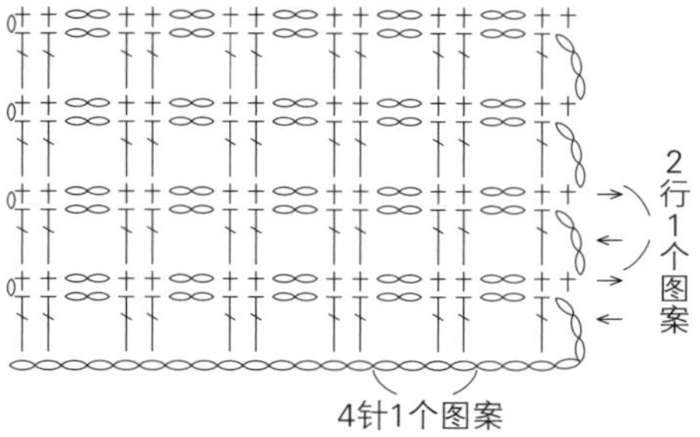
2行1个图案
4针1个图案

→接下页

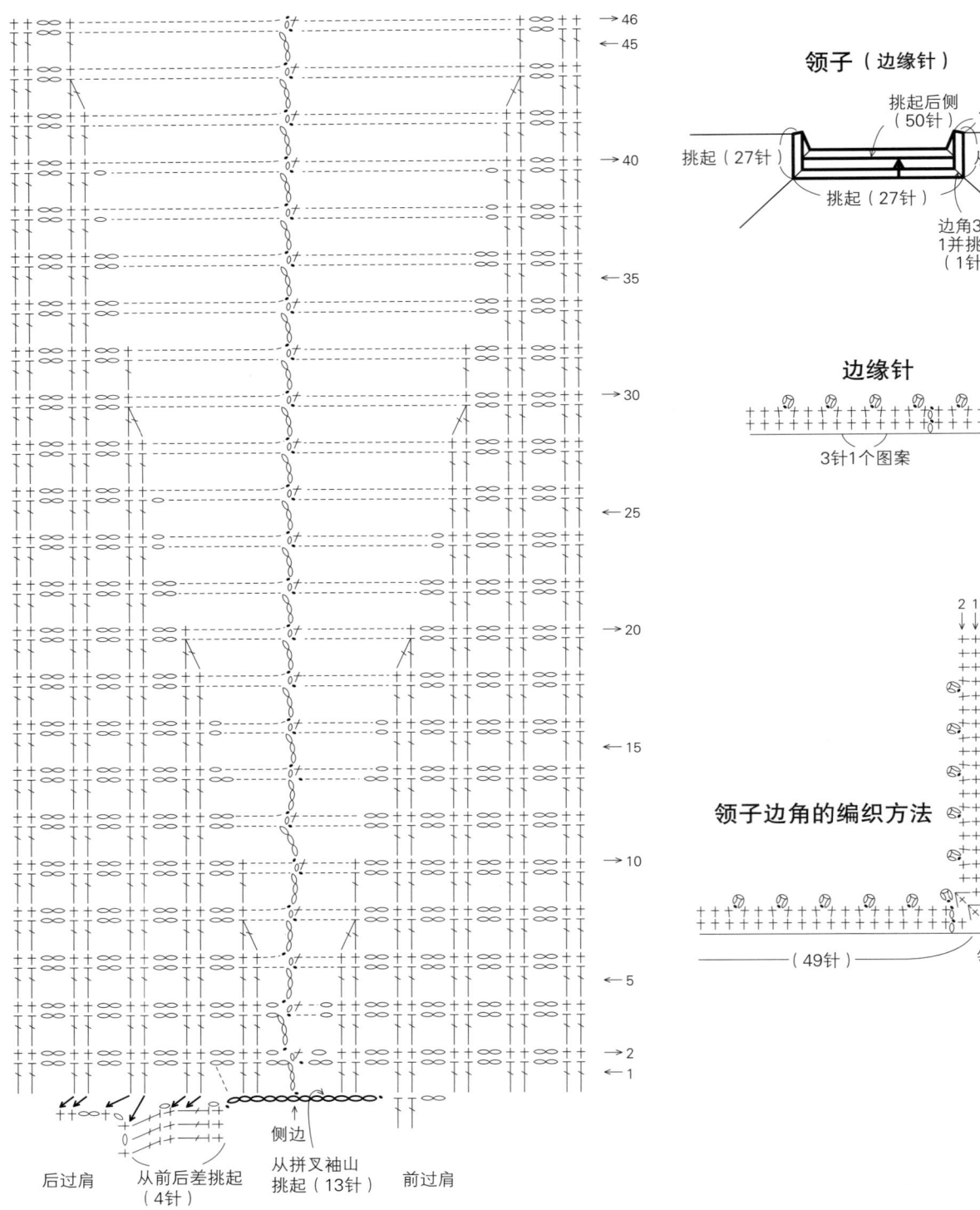

14 几何图案的圆过肩短上衣

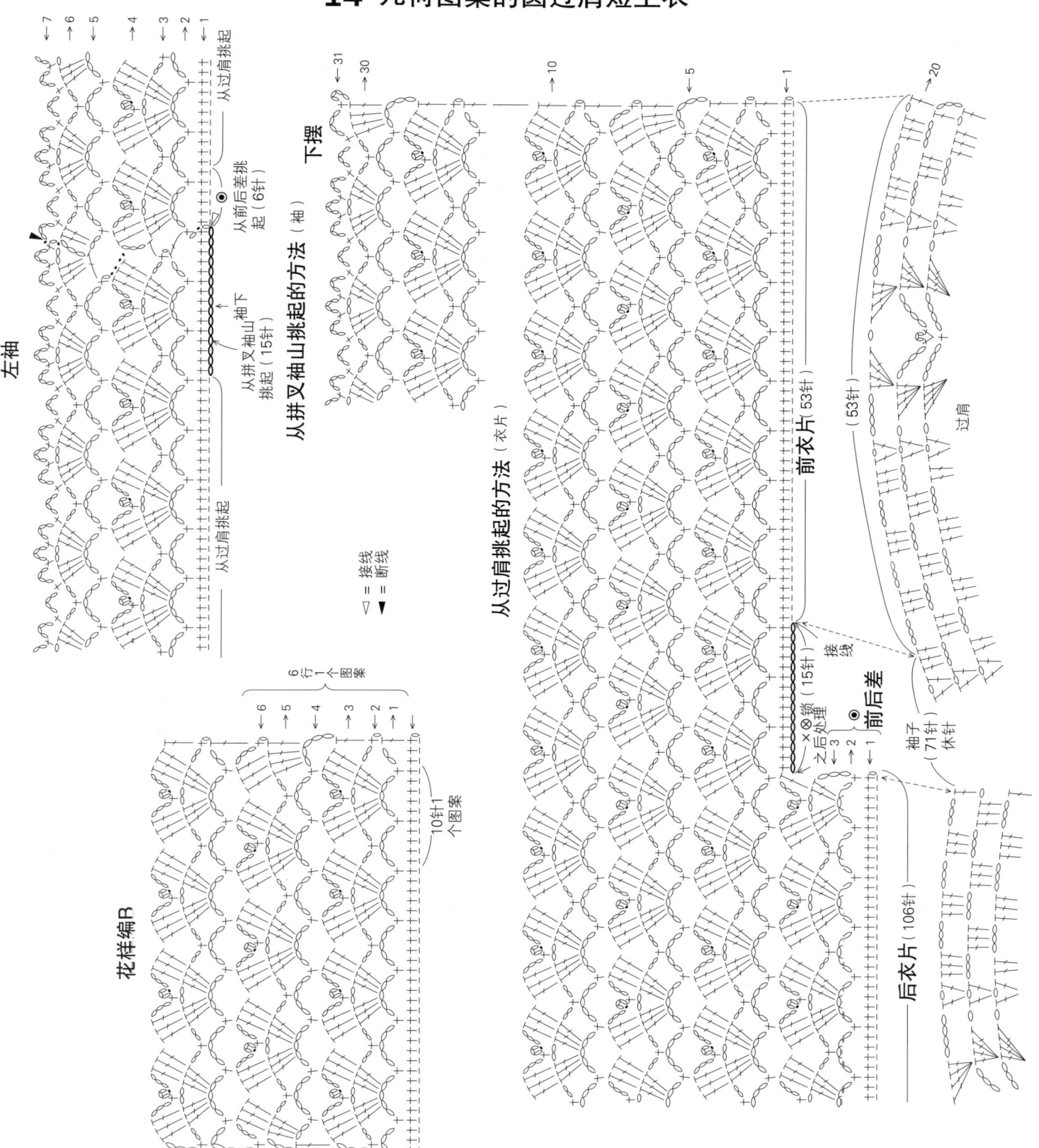

06 菠萝图案的圆过肩开衫

●图片→28页

（需要准备的物品）线…Hamanaka Rich More 丝线（纤细）（中细型）浅米色（4）300g=12团 针…钩针4/0号

（成品尺寸）胸围91.5cm、衣长53cm、袖长63cm

（织片密度）花样编B（衣片）：1个图案在1.7cm×10cm内为12行

（编织方法要点）花样编…增加长针的数量及其间的锁针数量，扩大制作花样编A的菠萝图案。过肩…领窝侧进行锁针的起针，并挑起里侧编织花样编A。衣片…将过肩分为衣片及袖子的5个部分，用花样编B来回编织4行前后差。以此在两端加针，编织5行。前衣片侧也接线，编织5行侧边，同时加针。再将拼叉袖山的16针锁针拼接至左右，从拼叉袖山开始挑起，连接前后衣片编织，持续至边缘针。袖子…从过肩及前后差开始挑起针圈，同衣片一样编织5行，并在拼叉袖山的中心接新线，编织成环状。领子·前开襟…用引拔的锁针对齐袖子边界加针完成的5行。

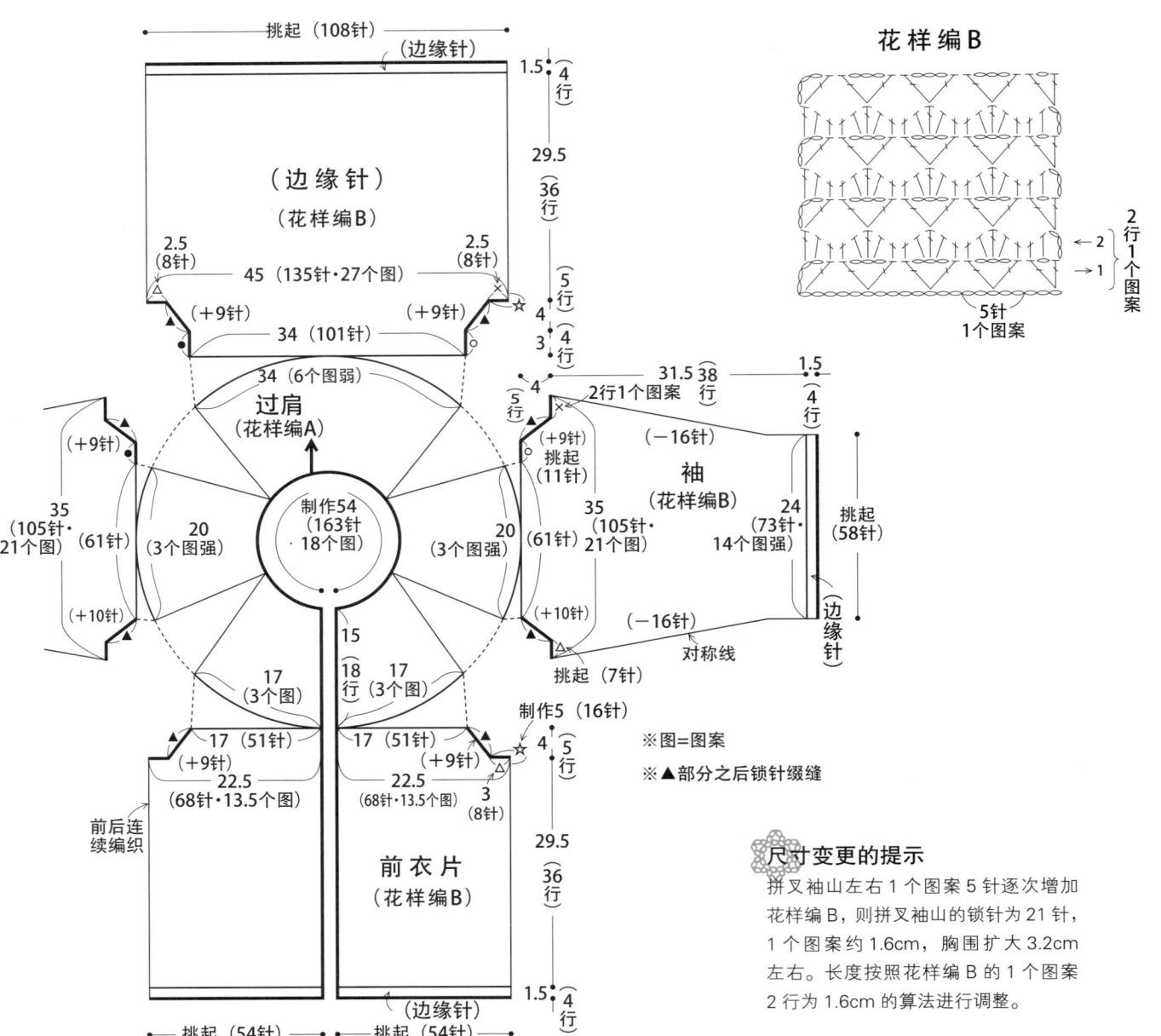

尺寸变更的提示

拼叉袖山左右1个图案5针逐次增加花样编B，则拼叉袖山的锁针为21针，1个图案约1.6cm，胸围扩大3.2cm左右。长度按照花样编B的1个图案2行为1.6cm的算法进行调整。

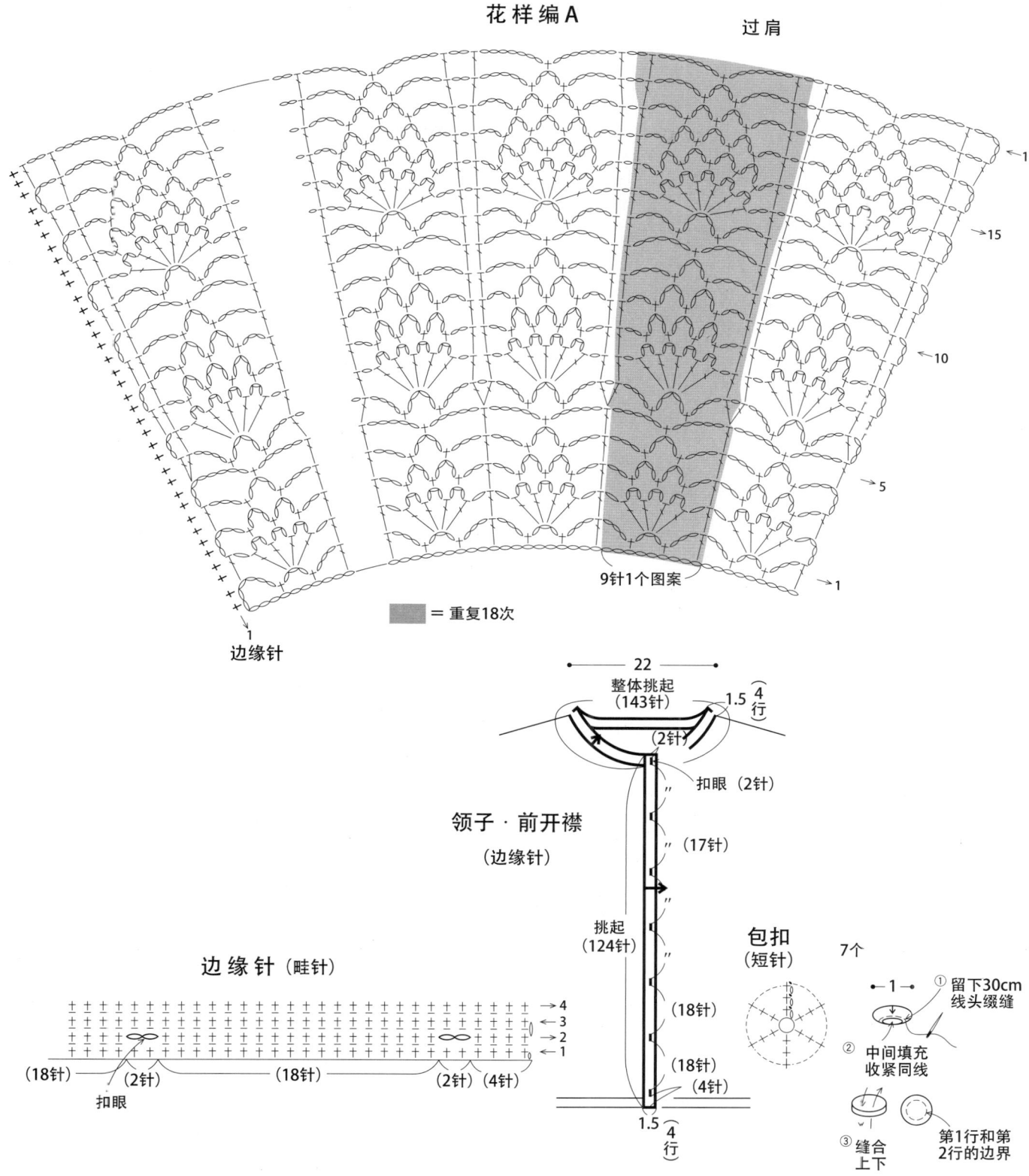

07·08 圆过肩毛衣的后续

花样编B

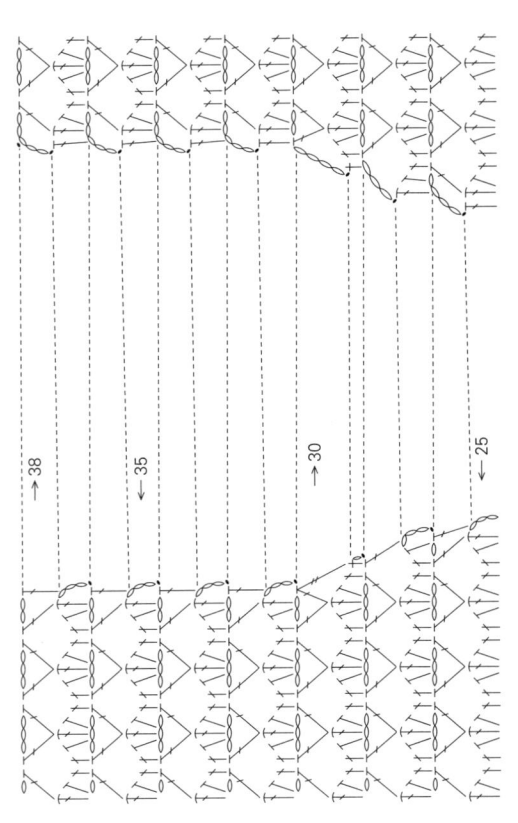

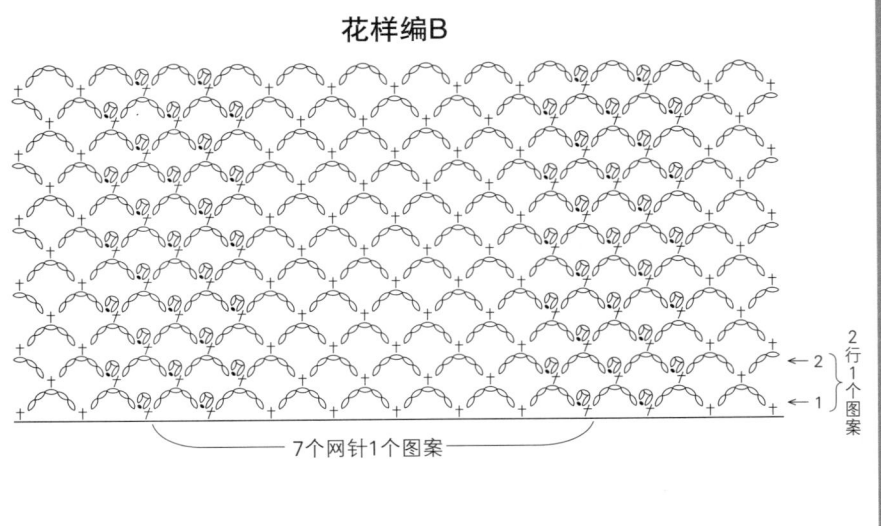

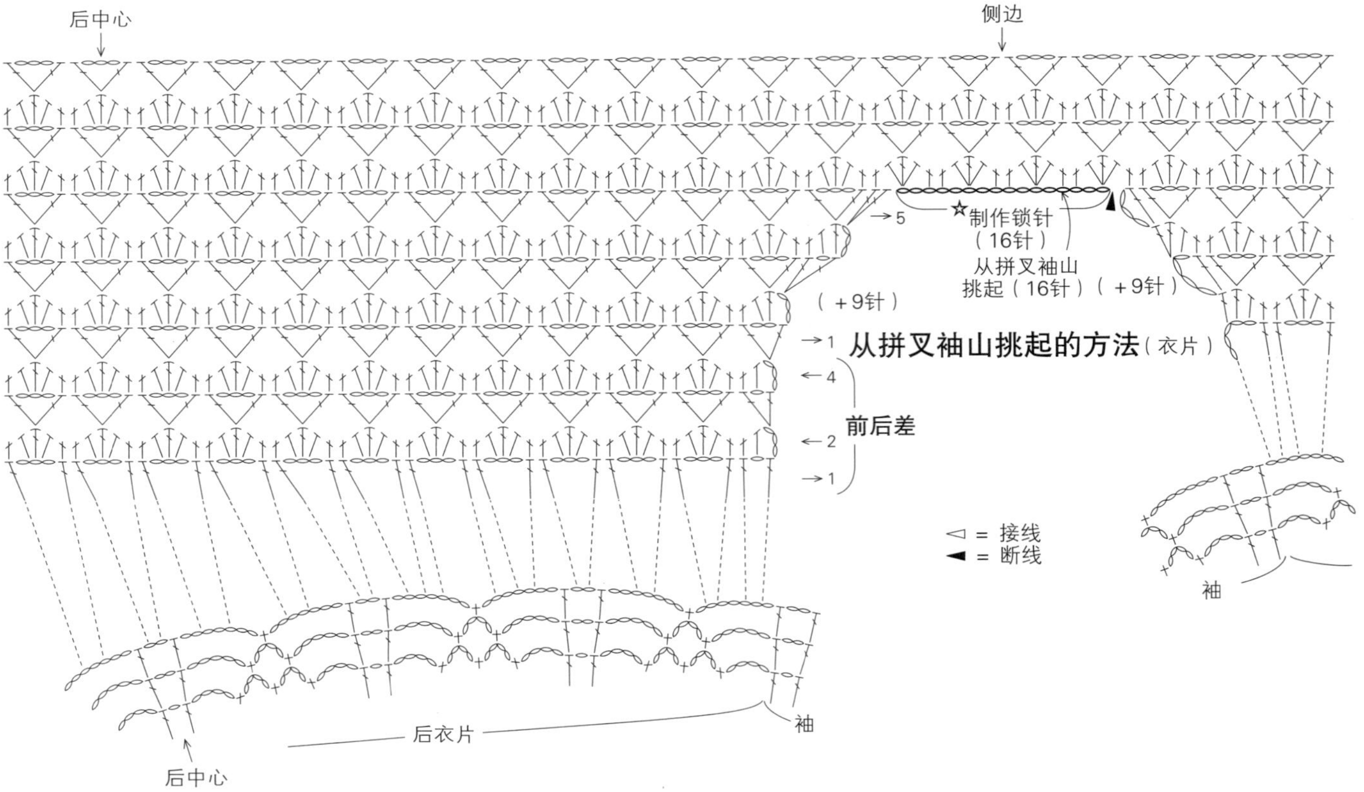

从拼叉袖山挑起的方法（衣片）

△ = 接线
▲ = 断线

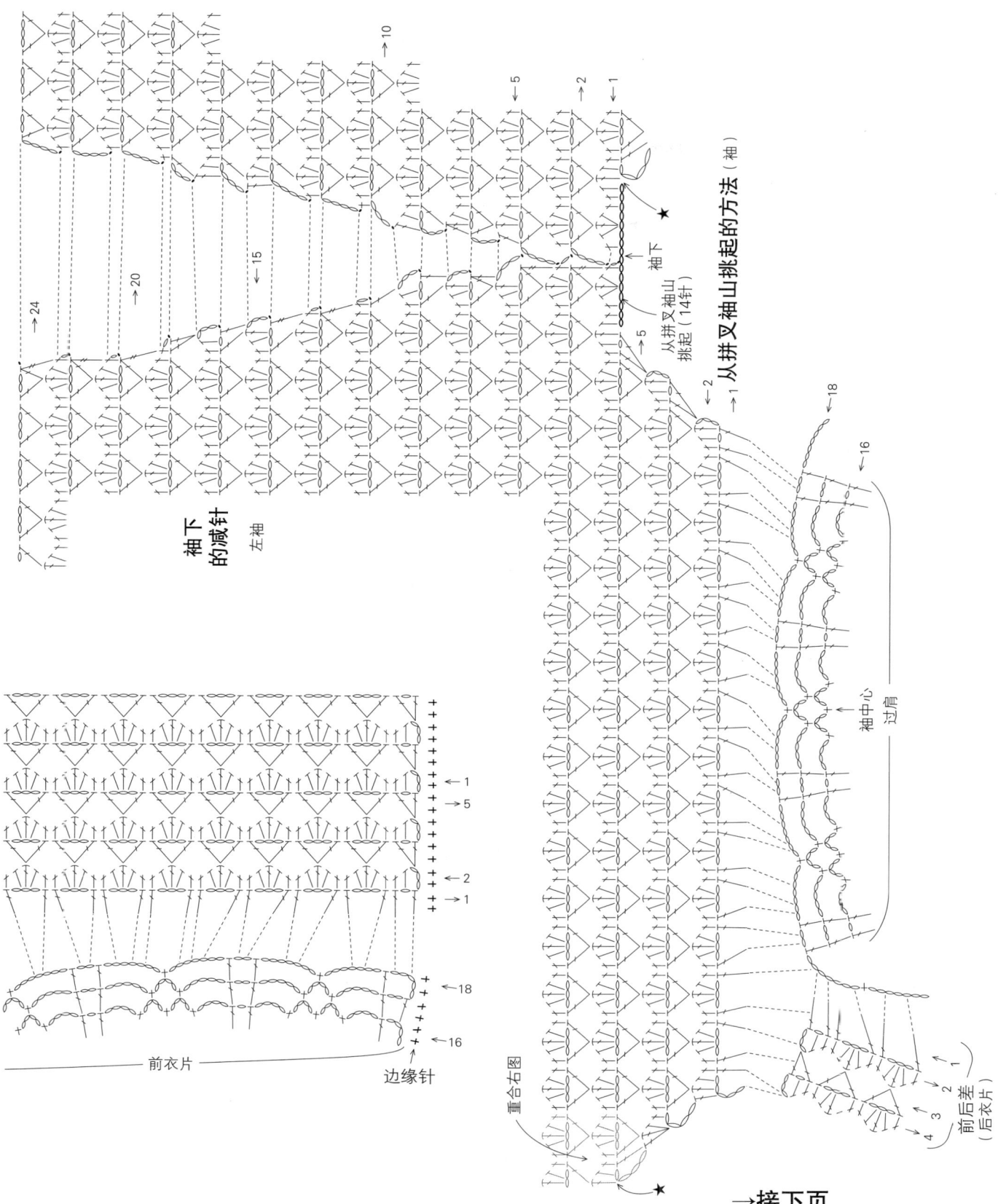

07 网针的圆过肩毛衣 ●图片→30页

（需要准备的物品） 线…Hamanaka Rich More 天之水（极细型）
浅紫色（6）190g=8 团　针…钩针 3/0 号
（成品尺寸） 胸围 94cm、衣长 56cm、袖长 58cm
（织片密度）花样编 B（衣片）：10cm 见方内为 8 网针 × 15.5 行
（编织方法要点）花样编…花样编 A・B 均为锁针较多的图案，开始至结尾处都用同节奏制作。过肩…领窝侧进行锁针的起针制作成环状，挑起锁针的半针及里侧的 2 根线圈，用花样 A 开始编织。衣片…将过肩分为衣片及袖子的 4 个部分，接着过肩，在后衣片侧用花样编 B 编织 6 行前后差。再将拼叉袖山的 15 针锁针拼接至左右，从拼叉袖山开始挑起，将前后衣片编织成环状。接着，在下摆侧编织扩展边缘针 B。袖子…从过肩及前后差开始挑起针圈，直线编织。领子…用边缘针 B 进行编织。

尺寸变更的提示

拼叉袖山左右每个网针逐次增加花样编 B，则拼叉袖山的锁针为 19 针，1 个网针约 1.2cm，胸围扩大 2.4cm 左右。长度按照 1 个图案 2 行为 1.3cm 的算法进行调整。

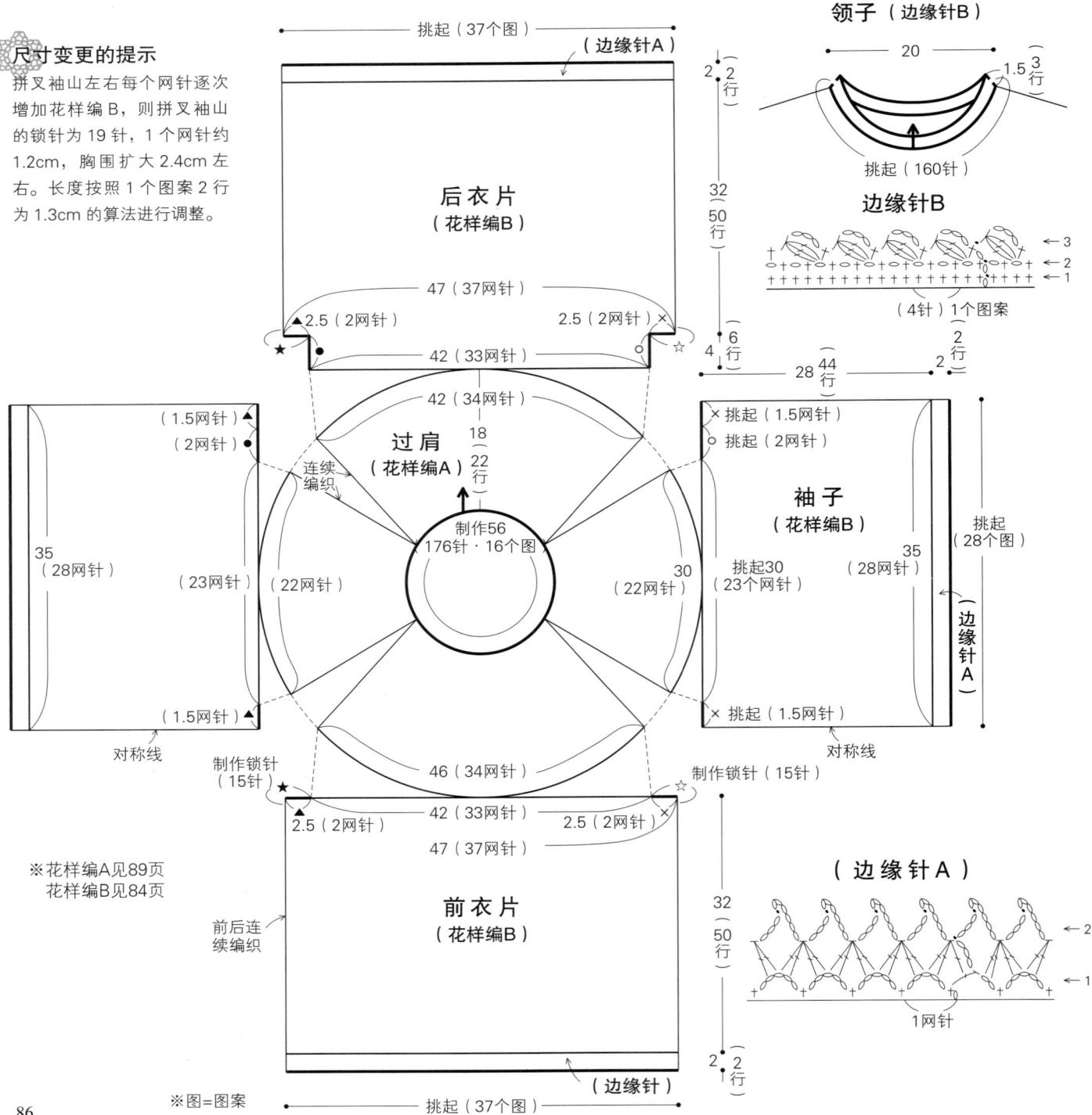

※花样编 A 见 89 页
　花样编 B 见 84 页

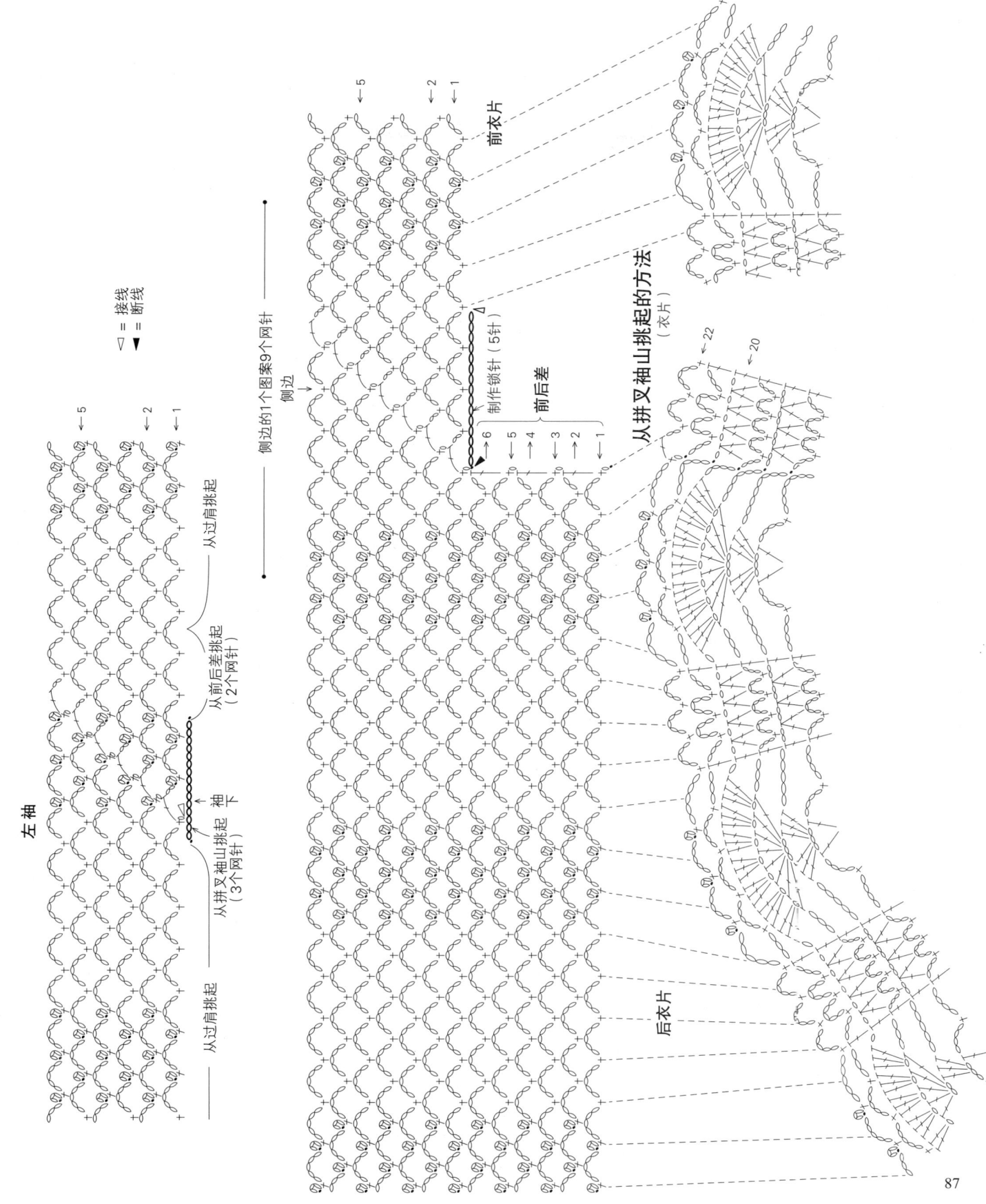

08 网针的圆过肩束身衣 ●图片→31页

（需要准备的物品）线…Hamanaka Sarasa（中细型）粉红系（3）220g=8团 针…钩针3/0号
（成品尺寸）胸围100cm、衣长62.5cm、袖长33.5cm
（织片密度）花样编B（衣片）：10cm见方内为 7个网针×12.5行
（编织方法要点）花样编·过肩·衣片…按作品07 相同要领编织。拼叉袖山的锁针为7针，从过肩的袖子部分挑起针圈，编织边缘针A。
领子…从起针挑起针圈，编织花样编B。

尺寸变更的提示

拼叉袖山左右每个网针逐次增加花样编B，则拼叉袖山的锁针为10针，1个网针约1.4cm，胸围扩大2.8cm左右。长度按照1个图案2行为1.6cm的算法进行调整。

※花样编B见84页

▲ =（1网针）
× =（1网针）
◉ =（23网针）
○ =（3网针）

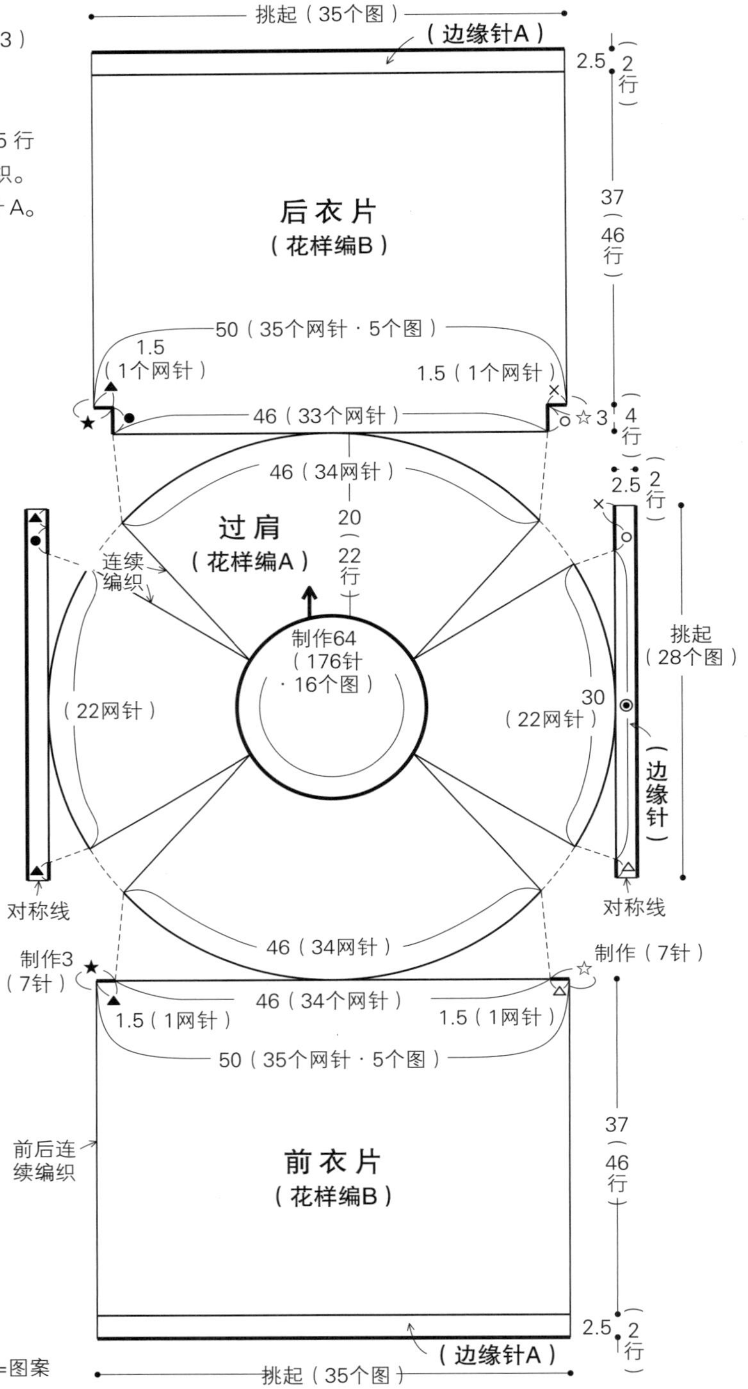

领子（边缘针B）
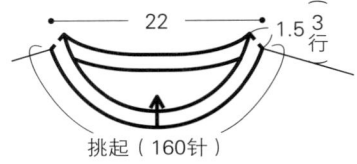
挑起（160针）

边缘针B
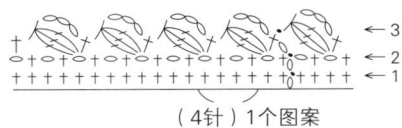
（4针）1个图案

边缘针A
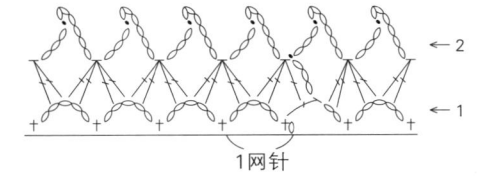
1网针

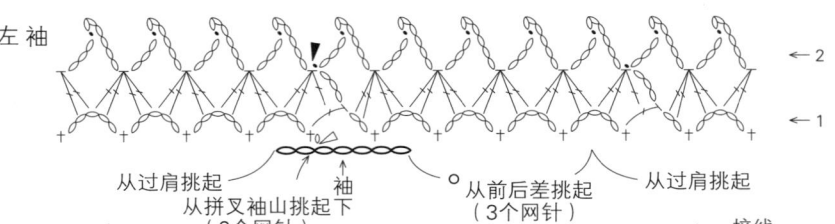

从拼叉袖山挑起的方法（袖）

◁ = 接线
◀ = 断线

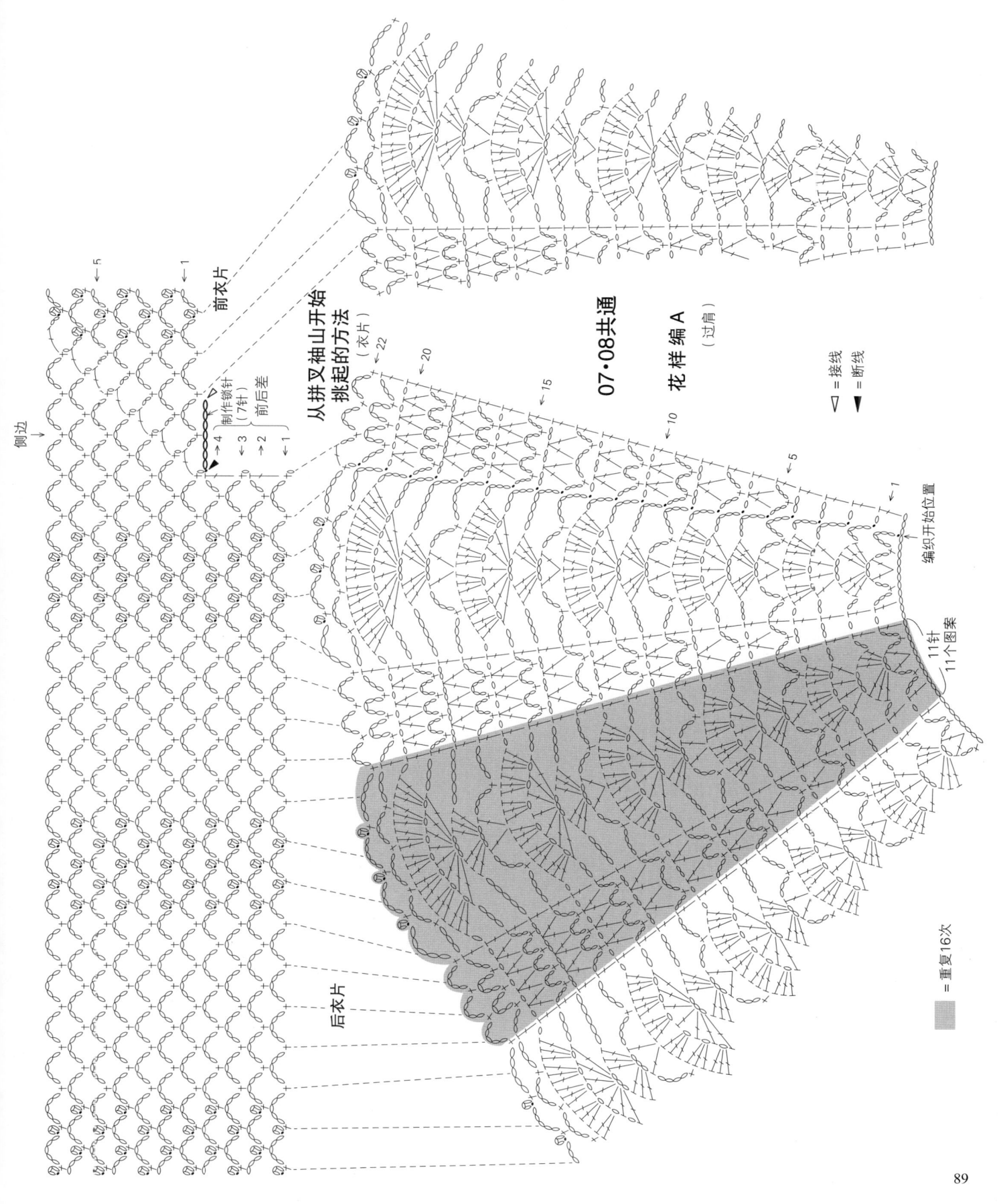

17 扇形图案的圆过肩背心
●图片→57 页

（需要准备的物品） 线…Hamanaka Rich More 棉麻线（中细型）米色系（2）230g=10 团 针…钩针 4/0 号 直径 1.2cm 纽扣 3 个
（成品尺寸）胸围 93cm、衣长 46cm、袖长 31cm
（织片密度）花样编 B：1 个图案在 2.4cm × 10cm 内为 15 行
（编织方法要点）花样编…花样编 A 的贝壳图案在长针及编入的锁针数量上有所变化，请参照图示。过肩…领窝侧进行锁针的起针制作成环状，并挑起里侧编织花样编 A。

衣片…将过肩分为衣片及袖子的 5 个部分，接线于过肩，在后衣片侧用花样编 B 编织 6 行前后差。同样从拼叉袖山挑起，接着前后衣片编织。下摆的边缘针不编织断线。下摆・前开襟・领子…挑起指定的针数，编织短针的边缘针 B。如图所示，制作边角及扣眼。完成…过肩周围编织连接边缘针 A，领窝来回编织边缘针 B，两端并缝至过肩。

尺寸变更的提示
拼叉袖山左右每 1 个图案 6 针逐次增加花样编 B，则拼叉袖山的锁针为 24 针，1 个图案约为 2.2cm，胸围扩大 4.4cm 左右。长度按照 1 个图案 2 行为 1.3cm 的算法进行调整。

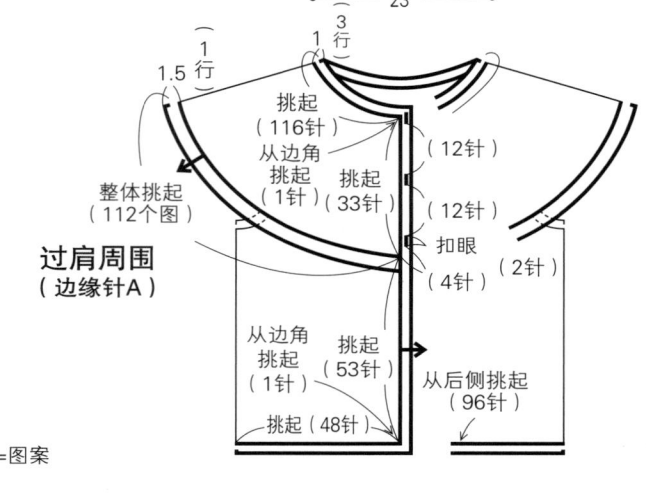

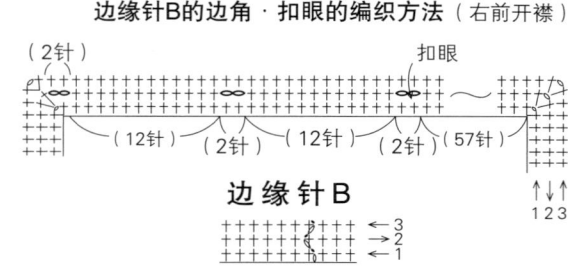

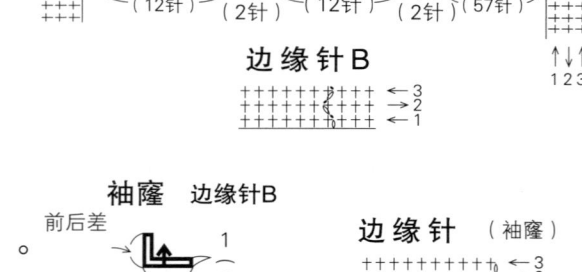

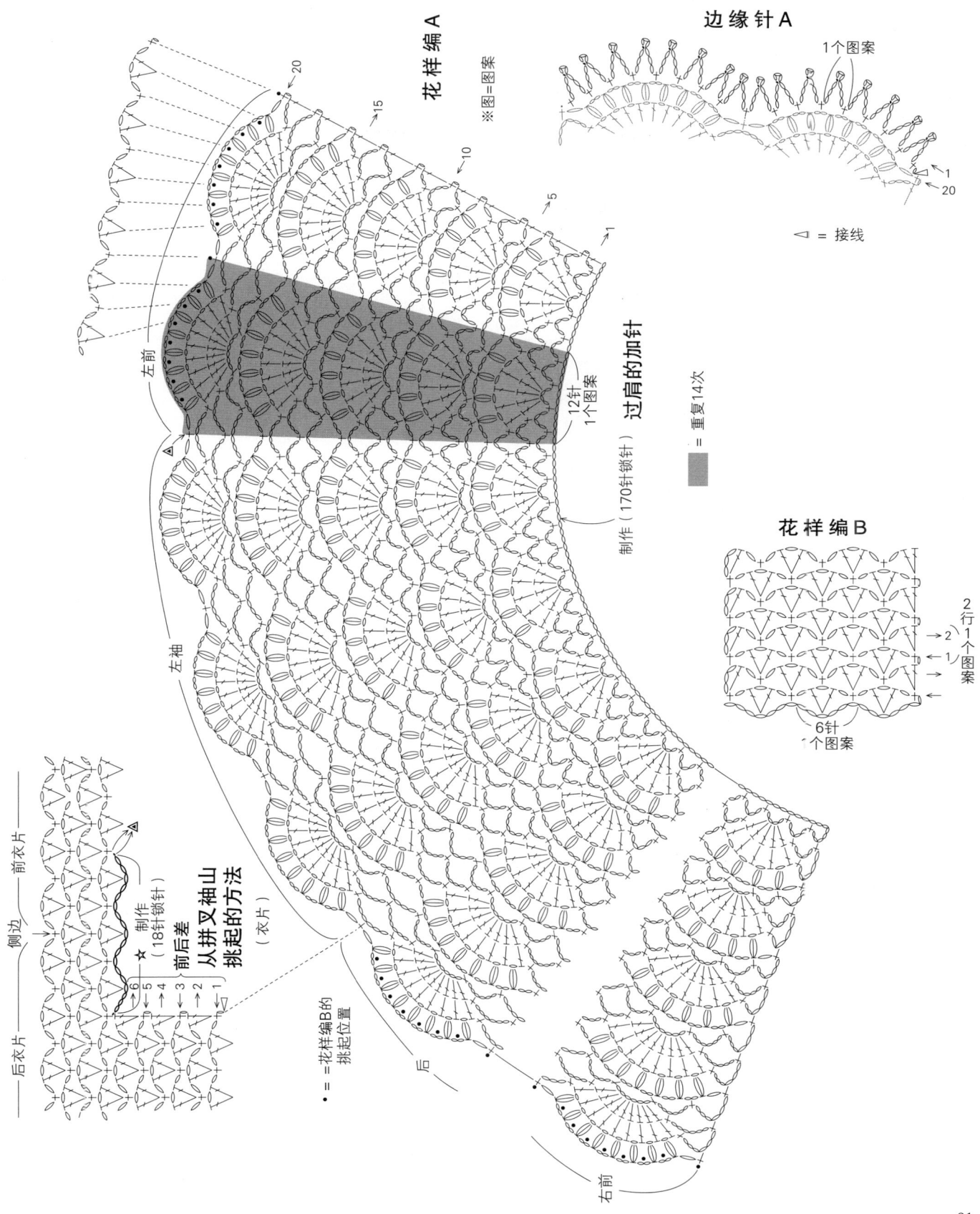

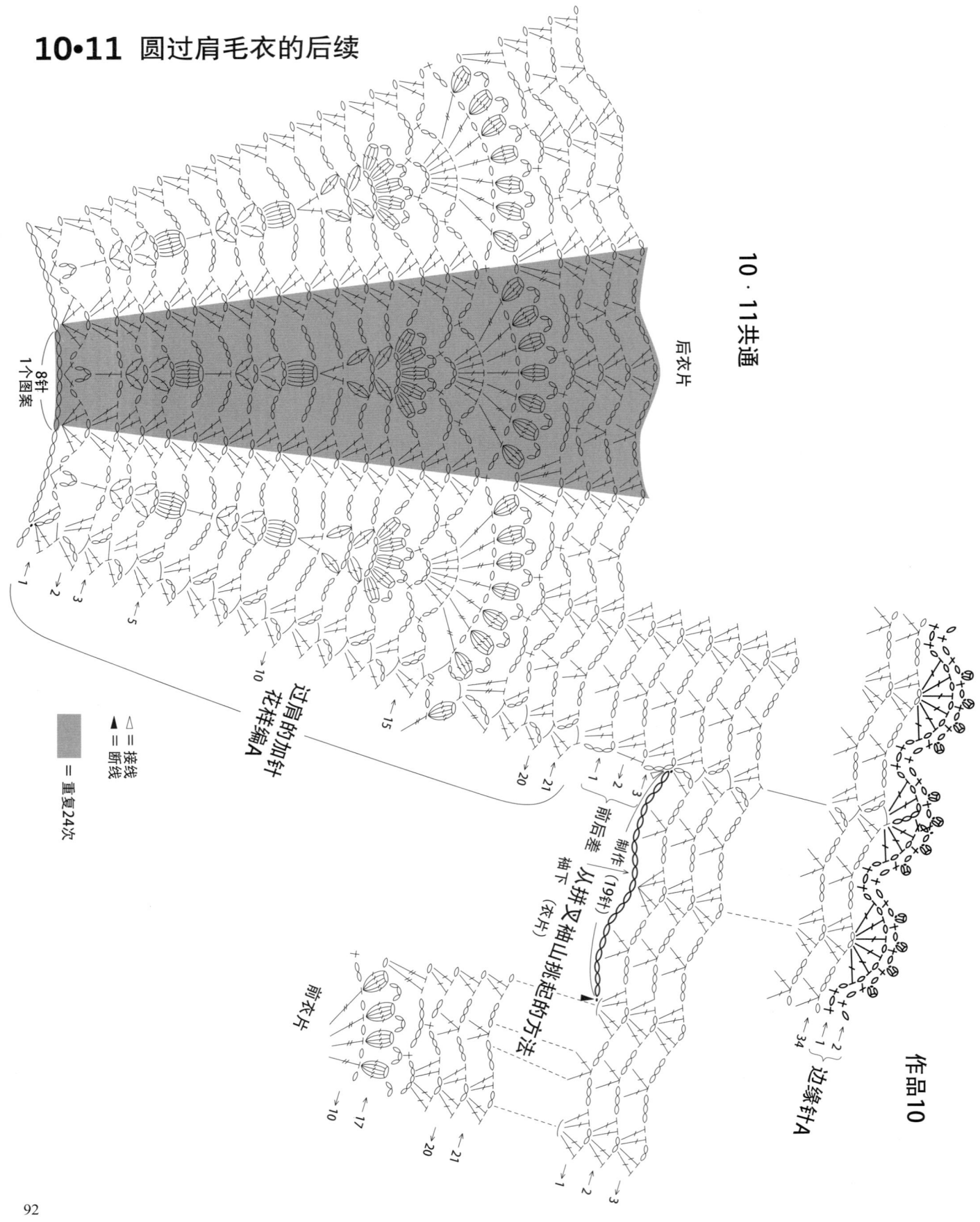

10·11 圆过肩毛衣的后续

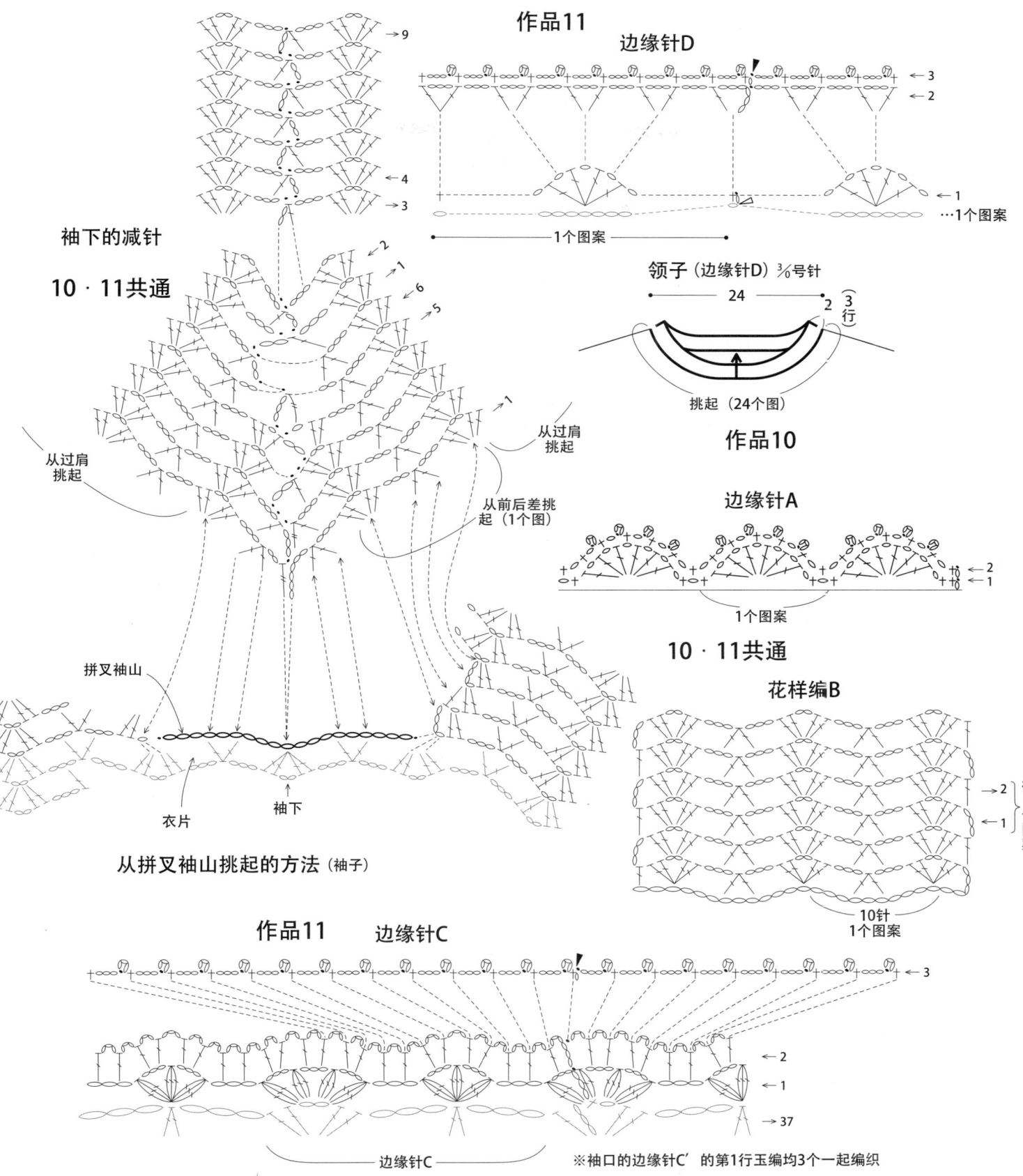

12 松高领的蝙蝠袖风格束身衣的后续

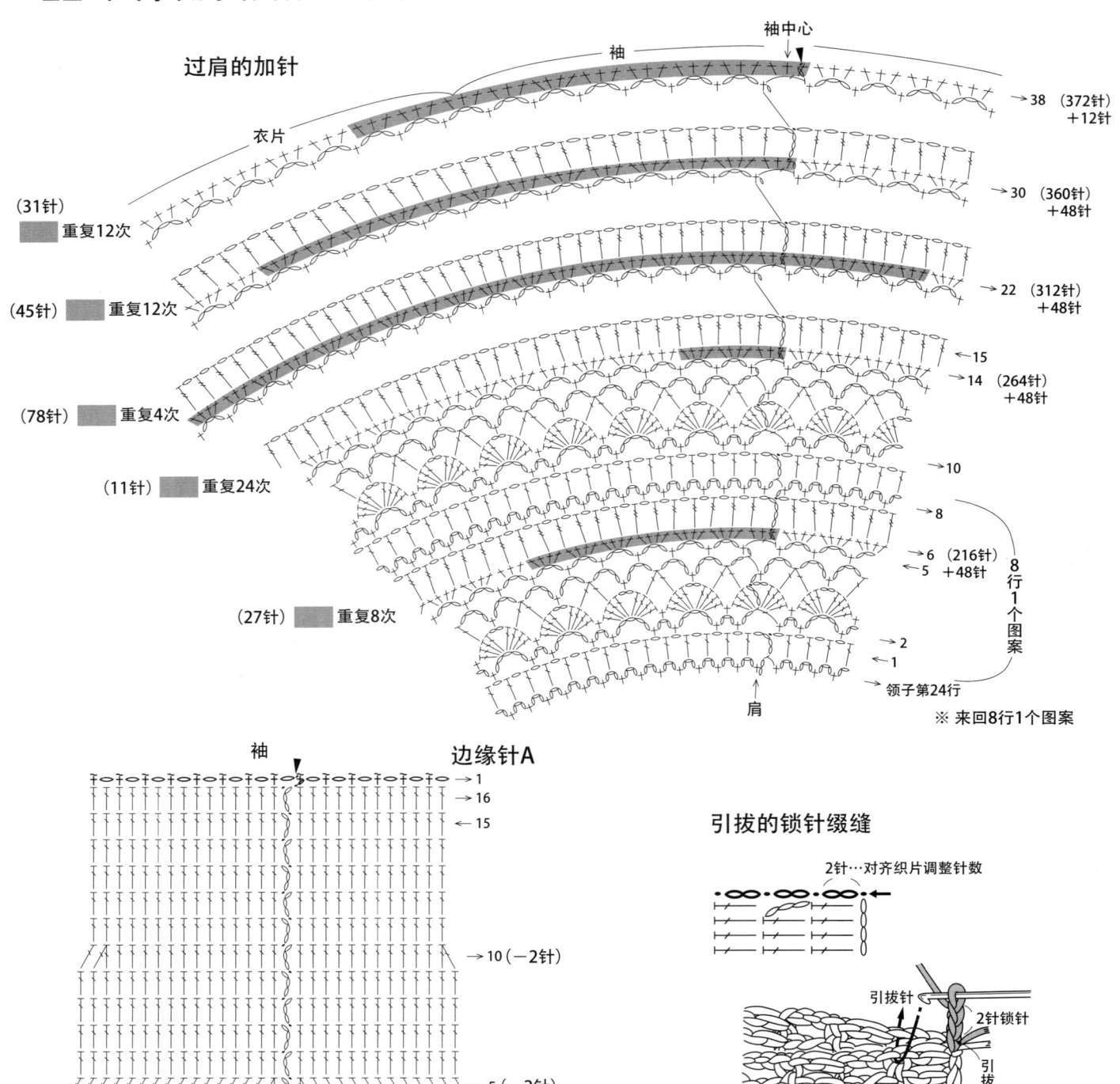

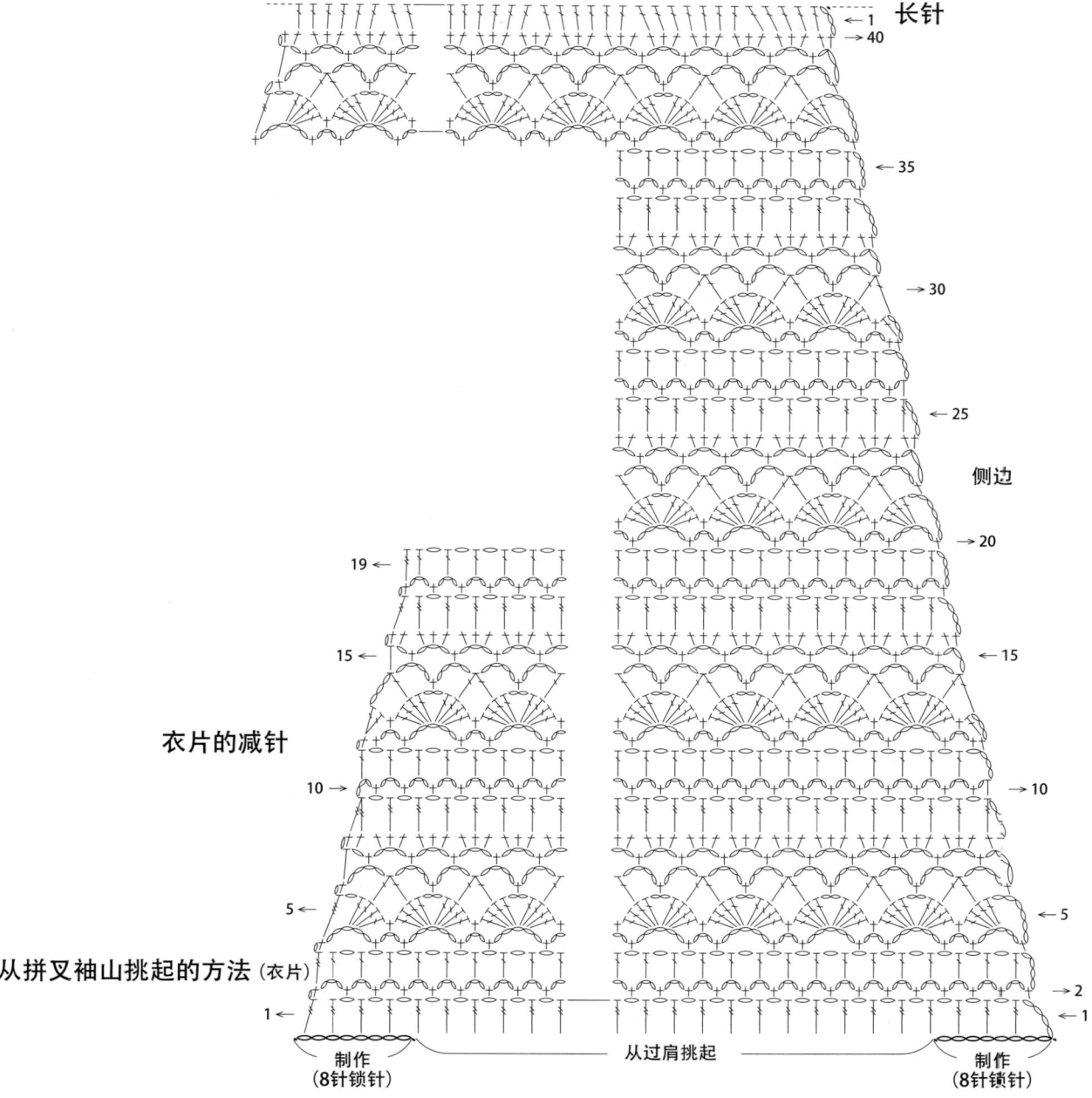

内容提要

本书为日本宝库社出品（宝库社是日本专门出版手工类图书的出版社，旗下出版物风靡世界），汇集了多位编织大师设计制作的19款从领口开始的钩针编织作品，美轮美奂又简单易学。因为没有缝合和接袖的问题，即使是初学者，也能通过详细的图解说明轻松上手，享受编织乐趣！

北京市版权局著作权合同登记号：图字 01-2012-6041
NECK KARA AMU KAGIBARIAMI (NV70135)
Copyright ©NIHON VOGUE-SHA 2012
All rights reserved
Photographer: NORIAKI MORIYA
Designer of the projects in this book :MAYUMI KAWAI, TAMAE YAMAMOTO, ATSUKO TAKEDA, JUNKO YOKOYAMA, MARIKO OKA, MAKIKO OKAMOTO, MUTSUKO KISHI, KUNIKO HAYASHI
Original Japanese edition published in Japan by NIHON VOGUE CO., LTD.,
Simplified Chinese translation rights arranged with BEIJING BAOKU INTERNATIONAL CULTURAL DEVELOPMENT Co., Ltd.

图书在版编目（CIP）数据

从领口开始的钩针编织 / 日本宝库社编著；韩慧英，金玲译. -- 北京：中国水利水电出版社，2012.11（2024.4重印）
（宝库编织）
ISBN 978-7-5170-0297-0

Ⅰ．①从… Ⅱ．①日… ②韩… ③金… Ⅲ．①钩针－编织－图解 Ⅳ．①TS935.521-64

中国版本图书馆CIP数据核字(2012)第253655号

策划编辑：杨庆川　　责任编辑：杨元泓　　封面设计：李　佳

书　名	宝库编织 从领口开始的钩针编织
作　者	[日] 宝库社　编著 韩慧英　金玲　译
出版发行	中国水利水电出版社 （北京市海淀区玉渊潭南路1号D座 100038） 网址：www.waterpub.com.cn E-mail: mchannel@263.net（答疑） 　　　　sales@mwr.gov.cn 电话：（010）68545888（营销中心）、82562819（组稿）
经　售	北京科水图书销售有限公司 电话：（010）68545874、63202643 全国各地新华书店和相关出版物销售网点
排　版	北京万水电子信息有限公司
印　刷	天津联城印刷有限公司
规　格	210mm×260mm　16开本　6印张　240千字
版　次	2012年11月第1版　2024年4月第12次印刷
印　数	50001—55000册
定　价	39.90元

凡购买我社图书，如有缺页、倒页、脱页的，本社营销中心负责调换

版权所有·侵权必究